U0223646

国家出版基金资助项目

现代数学中的著名定理纵横谈丛书

丛书主编　王梓坤

HIPPASUS THEOREM

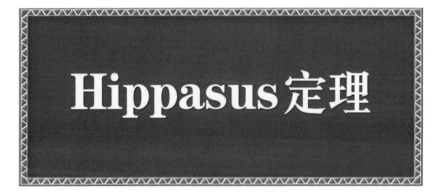

Hippasus定理

朱尧辰　著

哈尔滨工业大学出版社

HARBIN INSTITUTE OF TECHNOLOGY PRESS

内 容 简 介

本书围绕无理数这个主题讲述一些有关数论的基本知识，包括无理数的意义和分类，无理性的判定、刻画及度量，实数的有理逼近和连分数展开，数的线性无关性，正规数和一致分布，一些特殊的无理数(如 Champernowne 数，PV 数，$\zeta(3)$ 等)，还涉及超越数论的基本结果，如 Lindemann-Weierstrass 定理，Hilbert 第七问题和数的代数无关性，以及一些无理性或超越性猜想.

本书适合大学理工科学生，数论爱好者等参考使用.

图书在版编目(CIP)数据

Hippasus 定理/朱尧辰著. —哈尔滨:哈尔滨工业大学出版社,2018.9
(现代数学中的著名定理纵横谈丛书)
ISBN 978 - 7 - 5603 - 7603 - 5

Ⅰ.①H… Ⅱ.①朱… Ⅲ.①无理数 Ⅳ.①O122

中国版本图书馆 CIP 数据核字(2018)第 184546 号

策划编辑 刘培杰 张永芹
责任编辑 张永芹 李 欣
封面设计 孙茵艾
出版发行 哈尔滨工业大学出版社
社 址 哈尔滨市南岗区复华四道街 10 号 邮编 150006
传 真 0451 - 86414749
网 址 http://hitpress.hit.edu.cn
印 刷 黑龙江艺德印刷有限责任公司
开 本 787mm×960mm 1/16 印张 20.5 字数 220 千字
版 次 2018 年 9 月第 1 版 2018 年 9 月第 1 次印刷
书 号 ISBN 978 - 7 - 5603 - 7603 - 5
定 价 88.00 元

读书的乐趣

你最喜爱什么——书籍.

你经常去哪里——书店.

你最大的乐趣是什么——读书.

这是友人提出的问题和我的回答. 真的,我这一辈子算是和书籍,特别是好书结下了不解之缘. 有人说,读书要费那么大的劲,又发不了财,读它做什么? 我却至今不悔,不仅不悔,反而情趣越来越浓. 想当年,我也曾爱打球,也曾爱下棋,对操琴也有兴趣,还登台伴奏过. 但后来却都一一断交,"终身不复鼓琴". 那原因便是怕花费时间,玩物丧志,误了我的大事——求学. 这当然过激了一些. 剩下来唯有读书一事,自幼至今,无日少废,谓之书痴也可,谓之书橱也可,管它呢,人各有志,不可相强. 我的一生大志,便是教书,而当教师,不多读书是不行的.

读好书是一种乐趣,一种情操;一种向全世界古往今来的伟人和名人求

1

教的方法,一种和他们展开讨论的方式;一封出席各种活动、体验各种生活、结识各种人物的邀请信;一张迈进科学宫殿和未知世界的入场券;一股改造自己、丰富自己的强大力量.书籍是全人类有史以来共同创造的财富,是永不枯竭的智慧的源泉.失意时读书,可以使人重整旗鼓;得意时读书,可以使人头脑清醒;疑难时读书,可以得到解答或启示;年轻人读书,可明奋进之道;年老人读书,能知健神之理.浩浩乎! 洋洋乎! 如临大海,或波涛汹涌,或清风微拂,取之不尽,用之不竭.吾于读书,无疑义矣,三日不读,则头脑麻木,心摇摇无主.

潜能需要激发

我和书籍结缘,开始于一次非常偶然的机会.大概是八九岁吧,家里穷得揭不开锅,我每天从早到晚都要去田园里帮工.一天,偶然从旧木柜阴湿的角落里,找到一本蜡光纸的小书,自然很破了.屋内光线暗淡,又是黄昏时分,只好拿到大门外去看.封面已经脱落,扉页上写的是《薛仁贵征东》.管它呢,且往下看.第一回的标题已忘记,只是那首开卷诗不知为什么至今仍记忆犹新:

日出遥遥一点红,飘飘四海影无踪.

三岁孩童千两价,保主跨海去征东.

第一句指山东,二、三两句分别点出薛仁贵(雪、人贵).那时识字很少,半看半猜,居然引起了我极大的兴趣,同时也教我认识了许多生字.这是我有生以来独立看的第一本书.尝到甜头以后,我便千方百计去找书,向小朋友借,到亲友家找,居然断断续续看了《薛丁山征西》《彭公案》《二度梅》等,樊梨花便成了我心中的女英雄.我真入迷了.从此,放牛也罢,车水也罢,我总要带一本书,还练出了边走田间小路边读书的本领,读得津津有味,不知人间别有他事.

当我们安静下来回想往事时,往往会发现一些偶然的小事却影响了自己的一生.如果不是找到那本《薛仁贵征东》,我的好学心也许激发不起来.我这一生,也许会走另一条路.人的潜能,好比一座汽油库,星星之火,可以使它雷声隆隆、光照天地;但若少了这粒火星,它便会成为一潭死水,永归沉寂.

抄,总抄得起

好不容易上了中学,做完功课还有点时间,便常光顾图书馆.好书借了实在舍不得还,但买不到也买不起,便下决心动手抄书.抄,总抄得起.我抄过林语堂写的《高级英文法》,抄过英文的《英文典大全》,还抄过《孙子兵法》,这本书实在爱得狠了,竟一口气抄了两份.人们虽知抄书之苦,未知抄书之益,抄完毫末俱见,一览无余,胜读十遍.

始于精于一,返于精于博

关于康有为的教学法,他的弟子梁启超说:"康先生之教,专标专精、涉猎二条,无专精则不能成,无涉猎则不能通也."可见康有为强烈要求学生把专精和广博(即"涉猎")相结合.

在先后次序上,我认为要从精于一开始.首先应集中精力学好专业,并在专业的科研中做出成绩,然后逐步扩大领域,力求多方面的精.年轻时,我曾精读杜布(J. L. Doob)的《随机过程论》,哈尔莫斯(P. R. Halmos)的《测度论》等世界数学名著,使我终身受益.简言之,即"始于精于一,返于精于博".正如中国革命一

3

样,必须先有一块根据地,站稳后再开创几块,最后连成一片.

丰富我文采,澡雪我精神

辛苦了一周,人相当疲劳了,每到星期六,我便到旧书店走走,这已成为生活中的一部分,多年如此.一次,偶然看到一套《纲鉴易知录》,编者之一便是选编《古文观止》的吴楚材.这部书提纲挈领地讲中国历史,上自盘古氏,直到明末,记事简明,文字古雅,又富于故事性,便把这部书从头到尾读了一遍.从此启发了我读史书的兴趣.

我爱读中国的古典小说,例如《三国演义》和《东周列国志》.我常对人说,这两部书简直是世界上政治阴谋诡计大全.即以近年来极时髦的人质问题(伊朗人质、劫机人质等),这些书中早就有了,秦始皇的父亲便是受害者,堪称"人质之父".

《庄子》超尘绝俗,不屑于名利.其中"秋水""解牛"诸篇,诚绝唱也.《论语》束身严谨,勇于面世,"己所不欲,勿施于人",有长者之风.司马迁的《报任少卿书》,读之我心两伤,既伤少卿,又伤司马;我不知道少卿是否收到这封信,希望有人做点研究.我也爱读鲁迅的杂文,果戈理、梅里美的小说.我非常敬重文天祥、秋瑾的人品,常记他们的诗句:"人生自古谁无死,留取丹心照汗青""休言女子非英物,夜夜龙泉壁上鸣".唐诗、宋词、《西厢记》《牡丹亭》,丰富我文采,澡雪我精神,其中精粹,实是人间神品.

读了邓拓的《燕山夜话》,既叹服其广博,也使我动了写《科学发现纵横谈》的心.不料这本小册子竟给我招来了上千封鼓励信.以后人们便写出了许许多多的"纵横谈".

从学生时代起,我就喜读方法论方面的论著.我想,做什么事情都要讲究方法,追求效率、效果和效益,方法好能事半而功倍.我很留心一些著名科学家、文学家写的心得体会和经验.我曾惊讶为什么巴尔扎克在51年短短的一生中能写出上百本书,并从他的传记中去寻找答案.文史哲和科学的海洋无边无际,先哲们的明智之光沐浴着人们的心灵,我衷心感谢他们的恩惠.

读书的另一面

以上我谈了读书的好处,现在要回过头来说说事情的另一面.

读书要选择.世上有各种各样的书:有的不值一看,有的只值看20分钟,有的可看5年,有的可保存一辈子,有的将永远不朽.即使是不朽的超级名著,由于我们的精力与时间有限,也必须加以选择.决不要看坏书,对一般书,要学会速读.

读书要多思考.应该想想,作者说得对吗?完全吗?适合今天的情况吗?从书本中迅速获得效果的好办法是有的放矢地读书,带着问题去读,或偏重某一方面去读.这时我们的思维处于主动寻找的地位,就像猎人追找猎物一样主动,很快就能找到答案,或者发现书中的问题.

有的书浏览即止,有的要读出声来,有的要心头记住,有的要笔头记录.对重要的专业书或名著,要勤做笔记,"不动笔墨不读书".动脑加动手,手脑并用,既可加深理解,又可避忘备查,特别是自己的灵感,更要及时抓住.清代章学诚在《文史通义》中说:"札记之功必不可少,如不札记,则无穷妙绪如雨珠落大海矣."

许多大事业、大作品,都是长期积累和短期突击相结合的产物.涓涓不息,将成江河;无此涓涓,何来江河?

爱好读书是许多伟人的共同特性,不仅学者专家如此,一些大政治家、大军事家也如此.曹操、康熙、拿破仑、毛泽东都是手不释卷,嗜书如命的人.他们的巨大成就与毕生刻苦自学密切相关.

王梓坤

前　　言

　　本书起名《Hippasus定理》,是遵照策划人的建议,使书名与本套丛书的命名规则保持一致.相传古希腊Pythagoras学派（前582—前497)研究了这样一个问题:求一个正整数, 它的平方等于另一个正整数的平方的2倍.历经种种挫折后,他们终于发现不存在平方等于2的有理数,从而揭示了$\sqrt{2}$的无理性. 但当时这个发现遭到封杀.据传,Pythagoras的弟子Hippasus因"泄密"被扔进大海.基于这个传说,并且为免得与已有的"Pythagoras定理"重复,我们姑且将"$\sqrt{2}$是无理数"称之为"Hippasus定理" (虽然可能显得有点牵强).

　　$\sqrt{2}$的无理性的发现也许是无理数研究的开端,当然远不能"覆盖"无理数理论. 在现代数学中,关于无理数的研究课题是多种多样的,多数是作为超越数论的重要组成部分.著名的Hilbert第七问题就包含某些数的无理性的判定.R.Apéry关于$\zeta(3)$的无理性的证明(1978年)以及由此引发的一系列研究,至今还吸引着人们的眼球.此外,还有一些无理性结果散见于各种刊物中.本书围绕无理数这个主题,讲述一些有关数论的知识,涉及无理数的意义和分类,无理性的度量,实数的有理逼近和连分数展开,数的无理性的初等证明方法和判别法则,数的线性无关性, 一致分布和正规数,一些特殊的无理数(如Champernowne数,PV数,$\zeta(3)$等), 以及超越数论的一些基本结果,如Linde-

1

mann-Weierstrass定理, Hilbert 第七问题和数的代数无关性, 等等.此外,本书正文以几道大学生数学竞赛题作为引言,以一些无理性或超越性猜想作为结束语. 正文后还安排了少量练习题(附解答或提示).本书的参考文献做了极小化处理,只给出最基本的原始资料.书中还包含作者过去从未公开发表的一些结果或证明(例如,§9.4,§13.3等).

本书初稿成于2007年底.原来设想是作为涉及数学文化的小册子,但因不尽如人意而被搁置多年,后应哈尔滨工业大学出版社之约,将原稿修改补充,拟作为大学生数学读物.但限于笔者的水平和经验,恐未必能如所愿,在论述和取材等方面,本书难免存在不妥甚至疏漏,欢迎读者和同行批评指正.

朱尧辰

2018年6月

于北京

符号说明

1° $\mathbb{N}, \mathbb{Z}, \mathbb{Q}, \mathbb{R}, \mathbb{C}$ (依次) 正整数集,整数集,有理数集,实数集,复数集.

$\mathbb{N}_0 = \mathbb{N} \cup \{0\}$.

$\mathbb{A}$ 代数数集.

$|S|$ 有限集S所含元素的个数.

$|J|$ 区间J的长度.

2° $[a]$ 实数a的整数部分,即不超过a的最大整数.

$\{a\} = a - [a]$ 实数a的分数部分(也称小数部分).

$\|a\| = \min\{a - [a], [a] + 1 - a\}$ 实数a与最靠近它的整数间的距离.

$a|b\,(a \nmid b)$ 整数a整除(不整除)整数b.

$\mathrm{lcm}(a, b, \cdots)$ 整数$a, b, \cdots$的最小公倍数,有时也记作$[a, b, \cdots]$.

$\gcd(a, b, \cdots)$ 整数$a, b, \cdots$的最大公因子,有时也记作$(a, b, \cdots)$.

$d_n = \mathrm{lcm}(1, 2, \cdots, n)$.

$\mathrm{Ord}_p(N)$(简记为$O_p(N)$)或$\mathrm{Ord}_k(N)$ 正整数N的标准素因子分解式中素数p或p_k的幂的指数.

$a \equiv b \pmod{m}$ 整数a, b对于模m同余,即整数$m|(a - b)$.

F_n Fibonacci数.

$\mathcal{F}_m$ Fermat数,即$\mathcal{F}_m = 2^{2^m} + 1$.

1

$\delta_{i,j}$　Kronecker符号(即当$i = j$时其值为1,否则为0).

$[v_0, v_1, v_2, \cdots, v_n]$和$[v_0, v_1, v_2, \cdots]$　有限和无限连分数(或简单连分数).

$(a)_h = (d_1 \cdots d_k)_h$　正整数a的$h(\geqslant 2)$进制表达式(d_j为h进制数字).

3° $\mathbb{Z}[\mathbf{z}]$　变元$\mathbf{z} = (z_1, \cdots, z_s)\,(s \geqslant 1)$的整系数多项式的集合.

$\mathbb{C}(z)$　变元z的复系数有理函数的集合.

$\deg(P)$　多项式P的次数.

$H(P)$　多项式P的高.

$L(P)$　多项式P的长.

$t(P)$　多项式P的规格,即$t(P) = \deg(P) + \log H(P)$.

$\Lambda(P)$　即$2^{\deg(P)}L(P)$.

$\deg(\alpha)$　代数数α的次数.

$H(\alpha)$　代数数α的高.

$L(\alpha)$　代数数α的长.

$\overline{|\alpha|}$　代数数α的尺度.

4° $\log_b a$　实数$a > 0$的以b为底的对数.

$\log a$(与$\ln a$同义)　实数$a > 0$的自然对数.

$\lg a$　实数$a > 0$的常用对数(即以10为底的对数).

$\log z$(与$\ln z$同义)　复数z的自然对数(多值函数)的某个分支.

$f(n) \sim g(n)$　$f(n)/g(n) \to 1\ (n \to \infty)$(其中$f, g > 0$).

$f(n) = o(g(n))$ $f(n)/g(n) \to 0$ $(n \to \infty)$(其中$g > 0$).

$f(n) = O(g(n))$ 存在常数$C > 0$使$|f(n)| < Cg(n)$(当n充分大).

$o(1)$和$O(1)$ 无穷小量和有界量.

$\Gamma(z)$ 伽马函数.

$_{q+1}F_q \left(\begin{smallmatrix} \alpha_0, \alpha_1, \dots, \alpha_q \\ \beta_1, \dots, \beta_q \end{smallmatrix} \middle| z \right)$ 超几何函数,即级数

$$\sum_{k=0}^{\infty} \frac{(\alpha_0)_k (\alpha_1)_k \cdots (\alpha_q)_k}{k!(\beta_1)_k \cdots (\beta_q)_k} z^k \quad (q \geqslant 1, z \in \mathbb{C}, |z| \leqslant 1).$$

目　录

1

第 1 章　权当引言:几道大学生数学竞赛题

下面是几道大学水平的数学竞赛题:

1. (美国,1953)　若$\omega \in (0,1)$是一个无理数,则ω可唯一地表示为收敛的无穷级数形式:

$$\omega = \sum_{k=0}^{\infty} \frac{(-1)^k}{p_0 p_1 \cdots p_k},$$

其中$p_i (i = 0, 1, 2, \cdots)$是一个严格递增的无穷正整数列.

对于$\omega = 1/\sqrt{2}$,求出前3个p_i.

2. (美国,1954)　证明:每个正有理数都可以由级数

$$1 + \frac{1}{2} + \frac{1}{3} + \cdots + \frac{1}{n} + \cdots$$

中有限多个相异项的和来表示.

3. (美国,1955)　证明:除了$(0, 0, 0)$外,没有其他整数组(m, n, p)使得

$$m + n\sqrt{2} + p\sqrt{3} = 0.$$

4. (美国,1974)　证明:若α是满足

$$\cos \pi \alpha = \frac{1}{3}$$

的实数,则α是无理数.

5. (苏联,1977)　证明:$\sqrt[3]{2} + \sqrt{3}$是无理数.

6. (美国,1980)　证明:

(1) 存在不全为零的整数a, b, c满足

$$|a + b\sqrt{2} + c\sqrt{3}| < 10^{-11}, \quad |a|, |b|, |c| < 10^6.$$

(2) 若a, b, c是不全为零并且绝对值小于10^6的整数,则

$$|a + b\sqrt{2} + c\sqrt{3}| > 10^{-21}.$$

7. (匈牙利,1989) 设$n_1 < n_2 < \cdots$是无穷自然数列,并且$n_k^{1/2^k}$单调递增趋于无穷.证明$\sum\limits_{k=1}^{\infty} 1/n_k$是无理数;并且这个结果在下列意义下是最有可能的:对于每个$c > 0$,可以给出一个数列的例子$n_1 < n_2 < \cdots$,使得对于所有$k \geqslant 1$有$n_k^{1/2^k} > c$,但$\sum\limits_{k=1}^{\infty} 1/n_k$是有理数.

如果引述数学杂志中的征解问题,那么类似的题目也在所多多.它们难易程度混杂,都与无理数这个主题有关,或涉及无理性的判定,或涉及无理数的性质;解这些问题,需要用到分析和代数的知识,有些可引申到某些专门论题.我们在此不给出上面问题的分析或解答,只希望感兴趣的读者能耐着性子浏览完我们这本书,然后再回到这些问题.实际上,本书正文已结合有关论题将上面大部分问题(或其变体)纳入例题或练习题中.相信读者会发现这些无理数“小问题”背后有一些值得进一步钻研的数论知识,其中不乏所谓的“大定理”.

本书不是严格意义下的专著或科普读物,当然更不是茶余饭后的消遣之物.本书的目的是以较初等的方式,为理工科大学生和数论爱好者提供一个了解某些与无理数有关的数论知识的桥梁. 本书包含严格的数学证明和计算,但多数只涉及基础微积分或初等数学;同时还有一部分重要结果是通过描述方式给出的,因为它们与某些专门知识相关.以上算是作者的"开场白".

第 2 章　$\sqrt{2}$ 与 π : 无理数的意义

§2.1　数起源于"数"(如"数"人数).我们最早接触到的数是正整数和零,以及(正) 分数.为了表示相反意义的量,数的范围扩大到负数(负整数和负分数).从小学和初中数学课程,我们已经知道所有这些数都可表示成两个整数的商,亦即分数 $\dfrac{a}{b}$(或记作 a/b) 的形式, 其中 a 是整数,b 是正整数.如果 $a \neq 0$,我们还可认为 a 和 b 互素,亦即 a/b 是既约的. 这种形式的数称为有理数.当然,整数 a 将等同于分母为1的分数 $a/1$.

我们还知道,应用长除法(也就是平常所说的竖式除法),每个真分数都可表示成十进小数(或十进制小数,以下简称小数),例如

$$\frac{1}{4} = 0.25,$$
$$\frac{1}{3} = 0.33\cdots = 0.\overline{3},$$
$$\frac{15}{308} = 0.048\overline{701\,29}.$$

第一个例子是有限小数,后两个例子是无限小数,分别是纯循环小数和混循环小数.反过来, 我们可以证明:每个有理数都可表示成一个整数与一个有限小数或无限循环小数的和的形式.

如果一个无限小数不能化成有限小数,也不能化成无限循环小数,那么称为无限不循环小数.

一般地,对于一个十进制表达式

$$\pm b.c_1 c_2 \cdots ,$$

其中b是一个十进制表示的正整数或0.如果小数$0.c_1c_2\cdots$是有限的、无限循环的, 或无限不循环的,那么分别称它为有限的、周期的,或非周期的.

我们将上面的事实综述为.

定理 2.1 每个有理数的十进制表达式或者是有限的,或者是周期的; 而每个有限的或周期的十进制表达式都是某个有理数的十进制表达式.

如果一个数r能表示为$b+c$的形式,即$r=b+c$,其中b是整数,而c是下列三种情形之一:

(1) $c=0$;

(2) c是有限小数;

(3) c是无限小数;

那么我们称r是一个实数.

如果出现情形(1)或(2),或者出现情形(3),但c是循环小数,那么由定理2.1,r都可表示成a/b(其中a是整数,b是正整数)的形式,于是r是一个有理数.如果c是无限不循环小数,那么仍由定理2.1,r不能化成a/b (其中a是整数,b是正整数) 的形式. 我们称r是一个无理数,也就是说,不是有理数的实数称为无理数.特别,无理数的十进制表达式是非周期(无限不循环)的.

下列定理表述了无理数的一个基本数论性质:

定理 2.2 实数 θ 是无理数,当且仅当它的十进表示是非周期的.

应用这个定理,容易借助无限小数构造无理数.

例 2.1 在小数点后按递增顺序依次写出所有正整数 $1, 2, 3, \cdots$,我们得到实数(无限十进小数)

$$\theta_1 = 0.123\,456\,789\,101\,112\,13\cdots,$$

证明 θ_1 是无理数.

证 因为 $10, 100, \cdots, 10^n = 10\cdots0(n\text{个}0), \cdots$ 逐个出现, 所以 θ_1 的上述表达式中含有任意长的全由 0 组成的数字段,因而 θ_1 不可能是周期的,从而是无理数.

注 2.1 同理,在小数点后依次写出所有偶数或所有奇数而得到的无限小数 θ_2, θ_3 也都是无理数(对于 θ_3,可考虑数字段 $11, 111, \cdots$). 此外,K.Mahler 还证明了 θ_1 是超越数(见例18.1),文献中称它为 Mahler 十进小数.

例 2.2 设无限十进小数 $\theta_4 = 0.a_1a_2\cdots a_n\cdots$ 的构成法则是:当 n 是素数时 $a_n = 1$,不然 $a_n = 0$,亦即 $\theta_5 = 0.011\,010\,100\,010\,1\cdots$,那么 θ_5 是无理数.

证 设 θ_4 是有理数,这个无限十进小数的周期是 s, 那么数字 1 出现的位置(即下标 n 的值)将是 $r, r+s, r+2s, \cdots$,其中 $r > 1$ 是某个整数.这表明函数 $f(n) = r + sn$ 当 $n = 0, 1, 2, \cdots$ 时总表示素

数. 但对于任何正整数 l, $f(r^l)$ 都是合数,于是得到矛盾,因而 θ_5 是无理数.

§2.2 无理数是千百年漫长的岁月中,人们在各种生产和社会活动中逐步认识的一类与有理数不同的"新"数.无理数的发现引起数学思想的深刻变革,使数的范围由有理数扩充到实数.

有一个古老的传说:古希腊 Pythagoras 学派(前582—前497)研究了这样一个问题:求一个正整数,它的平方等于另一个正整数的平方的2倍.也就是说,设等腰直角三角形的腰长为 b,求它的斜边的长 a. 因为古希腊人崇尚整数,所以要求边长 a, b 是正整数.他们的种种努力遭遇挫折,最终认识到:不存在有理数 a/b,其平方等于2.在当时,平方等于2的数难以被人们接受,因而遭到"禁锢".但这种"不是有理数"的数最终还是得到人们的理解,现今称它们为"无理数";特别,上述平方等于2的数记作 $\sqrt{2}$.

另外一个导致无理数的发现的重要例子是圆周率 π.例如,我们的祖先千百年来计算圆周率 π,得到一系列记录:"周三径一"即 $\pi \approx 3$,约率即 $\pi \approx 22/7$(何承天,370—447),密率即 $\pi \approx 355/113$(祖冲之,429—500),等等,这些实际都是对圆周率 π 的无理性的探索.还有一个重要例子是自然对数的底 e.数 π 和 e 的无理性的证明是1766年 J.H.Lambert 给出的.不过,他关于 π 的无理性的证明不完全正确,1806 年, A.M.Legendre 给出了一个完整的证明.

无理数的出现还与解方程问题紧密相关.我们知道每个有理数a/b都是整系数方程$ax=b$的解. 整系数方程$x^2=1$有解$x=\pm 1$.这些解都是有理数.但有些方程,例如,方程

$$x^2=2, \tag{1}$$

没有有理解,即没有有理数的平方等于2.将满足它的数记作$\sqrt{2}$,它具有性质$(\sqrt{2})^2=2$;当然,还有一个数$-\sqrt{2}$也具有性质$(-\sqrt{2})^2=2$.于是,引进无理数,将数的范围扩大,某些像(1)这样的方程在包含无理数在内的更大的数的范围中就有解.

无理数和有理数在整体上有很大差别.例如,任何两个有理数之和、差、积,以及商(除数不为零)仍然是有理数.这就是说,全体有理数的集合关于通常的四则运算是封闭的.但全体无理数的集合不具备这种封闭性.例如两个无理数$\sqrt{2}+1,\sqrt{2}-1$之积等于1,不是无理数.如果考虑全体有理数的集合与全体无理数的集合之并集,亦即全体实数的集合,这种封闭性又存在了. 我们把具有上述封闭性的数集称作域.全体有理数及全体实数组成的集合分别称为有理数域和实数域,并记作$\mathbb{Q}$和$\mathbb{R}$.全体无理数的集合不是域.但如果考虑由所有形式为$a+b\sqrt{2}$(其中a和b是有理数)的无理数组成的集合,那么它包含$\mathbb{Q}$作为其子集,并且具有上述封闭性.例如,若$a_1,b_1,a_2,b_2\in\mathbb{Q}$, 则

乘积

$$(a_1 + b_1\sqrt{2})(a_2 + b_2\sqrt{2}) = (a_1a_2 + 2b_1b_2) + (a_1b_2 + a_2b_1)\sqrt{2},$$

仍然具有 $a' + b'\sqrt{2}\,(a', b' \in \mathbb{Q})$ 的形式. 因此集合 $\{a + b\sqrt{2} \mid a, b \in \mathbb{Q}\}$ 关于通常的四则运算形成一个域, 通常记作 $\mathbb{Q}(\sqrt{2})$. 这类域的研究是催生数论的重要分支——代数数论的一个因素.

注 2.2　因为以9为循环节的十进纯循环小数

$$0.99\cdots = \sum_{k=1}^{\infty} \frac{9}{10^k} = \frac{9/10}{1 - 1/10} = 1,$$

所以循环小数 $0.a_1a_2\cdots a_s99\cdots$（其中数字 $a_s \leqslant 8$）可化为有限小数 $0.a_1a_2\cdots(a_s + 1)$, 其中 $a_s + 1 \leqslant 9$. 为了十进小数表示的唯一性, 本书约定: 将前者一律表示为后一形式; 换言之, 将以9为循环节的十进循环小数从无限循环小数中排除出去.

注 2.3　关于 $\sqrt{2}$ 的无理性的发现历史, 请读者参见文献[12]($\S4.5$和p.47).

注 2.4　顺便提一下, 鉴于无理数不可能表示为两个整数之比, 所以irrational number最初曾被中译为"非比数", 这是有一定道理的. 也许约定俗成, 现在流行的中译术语"无理数"似难改动.

§2.3　无理数的严格定义通常是在数学分析教材的引论部分给出的. 例如, 文献[1]论及了

J.W.R.Dedekind提出的分割概念.在[2]中可以找到Dedekind无理数理论的原始文献.下面我们来简要地介绍Dedekind分割的思想.

实直线的性质甚至从公元前5世纪古希腊Pythagoras学派发现$\sqrt{2}$的无理性起就一直困扰着数学家.回顾了数学的发展后,Dedekind认识到可逐次地将一类数扩充到以它们作为一个部分的更大的一类数.例如,正整数$1, 2, 3, \cdots$扩充为整个整数类:正整数、零、负整数.负整数的数学运算可以通过正整数来表达.然后整数扩充为有理数,而整数是有理数的一部分.为了由有理数扩充到无理数,Dedekind引进了"分割"的概念,将它作为研究整个实直线性质的基石.他指出每个有理数a把有理数集合分划为两个类:

- A_1, 小于a的有理数的集合;
- A_2, 大于a的有理数的集合.

此外,每个属于A_1的有理数小于每个属于A_2的有理数.于是借助序关系小于和大于,有理数a将所有有理数分割为互相分离的不同的两类数.

Dedekind进而指出可以在有理数中产生许多其他的分割.例如,$\sqrt{2}$将有理数分割为两类:

- A_1, 平方小于2的正有理数(加上0及所有负有理数)的集合;
- A_2, 平方大于2的正有理数的集合.

在此仍然是每个属于A_1的有理数小于每个属于

A_2的有理数.类似地,π可以通过将有理数分割为下列两类来定义:

- A_1, a/b形式的正有理数(加上0及所有负有理数)的集合,其中a与b之比小于圆周长与它的直径之比;

- A_2, a/b形式的正有理数的集合,其中a与b之比大于圆周长与它的直径之比.

这里还是,每个属于A_1的有理数小于每个属于A_2的有理数.

由这些分割的例子不难理解,任何一个无遗留地把所有有理数分成两个集合A_1和A_2,使A_1的每个成员小于A_2的每个成员的划分,就定义一个等同于一个实数的分割. 如果这个等同的实数不是有理数,如同定义$\sqrt{2}$的分割的那种情形,那么它必定是无理数.

通过分割定义了实数后,因为加减法算术运算保持了正有理数中的小于和大于关系,所以Dedekind接着可以证明实数的算术恰好与我们所希望的完全一样.例如,考虑由$\sqrt{2}$和$\sqrt{3}$产生的分别划分为集合A_1和A_2以及B_1和B_2的分割.取A_1中的任何一个有理数及B_1中的任何一个有理数.它们的乘积将小于A_2中的任何一个有理数与B_2中的任何一个有理数的乘积,并且这个分割对应于数$\sqrt{6}$,这恰好是我们想要的.

第 3 章　由 $\sqrt{2}$ 到 $\sqrt[m]{N}$：代数无理数

§**3.1**　现在给出 $\sqrt{2}$ 的无理性的证明.

定理 3.1　(Hippasus定理)　$\sqrt{2}$ 是无理数.

证1　设 $\sqrt{2}$ 是有理数,那么

$$\sqrt{2} = \frac{a}{b},$$

其中 $a, b > 0$ 是互素整数.因为它的平方等于2,所以

$$a^2 = 2b^2.$$

因此 a^2 是偶数,从而 a 也是偶数.设 $a = 2c$(其中 c 是正整数),代入上式得到 $b^2 = 2c^2$,因此 b 也是偶数.这与 a, b 互素的假设矛盾.因此 $\sqrt{2}$ 不是有理数,即是无理数.

证2　设正整数 a, b 互素,满足 $a^2 = 2b^2$,那么 $b \mid a$.若 $b \neq 1$,则 b 有素因子.于是 b 的任何素因子 $p \mid a^2$,从而 $p \mid a$.因此素数 $p \mid (a, b) = 1$,这不可能.于是 $b = 1$,从而 $a^2 = 2$.但显然不可能 $a = 1$,因此 $a \geqslant 2$,从而 $a^2 > 2$,于是我们又得到矛盾.　　□

这两个证明虽然类似,但有一个本质差别:证1考虑了用特定素数2的整除性,证2考虑的是用未明确指出的素数 p 的整除性.因此证2的方法可以用来证明下列较一般的结果:

定理 3.2　若 $m > 1$ 是一个整数,N 是正整数但不是某个整数的 m 次幂,则 $\sqrt[m]{N}$ 是一个无理数.

证　设

$$\sqrt[m]{N} = \frac{u}{v},$$

其中 u, v 是互素的正整数,于是 $u^m = Nv^m$,从而 $v \mid u^m$,亦即 v 的每个素因子 p 均整除 u,但因 u, v 互素,所以,除非 $v = 1$,是不可能的;但 $v = 1$ 时 $N = u^m$,又与假设矛盾.故得结论.　　　　□

我们看到,无理数 $\sqrt{2}$ 和 $\sqrt[m]{N}$ 分别满足整系数多项式方程 $x^2 - 2 = 0$ 及 $x^m - N = 0$. K.F.Gauss研究了一般形式的整系数多项式

$$c_n x^n + c_{n-1} x^{n-1} + \cdots + c_0,$$

其中 $c_n \neq 0$.假设方程

$$c_n x^n + c_{n-1} x^{n-1} + \cdots + c_0 = 0 \qquad (1)$$

有根 $x = a/b$,其中 a, b 是互素整数.将它代入式(1)得到

$$c_n (a/b)^n + c_{n-1}(a/b)^{n-1} + \cdots + c_1(a/b) + c_0 = 0. \ (2)$$

用 b^{n-1} 乘方程(2)的两边可知

$$c_n a^n / b = -c_0 b^{n-1} - c_1 ab^{n-2} - \cdots - c_{n-1} a^{n-1},$$

因此 $c_n a^n / b$ 是一个非零整数,从而 $b \mid c_n a^n$.但因 a, b 互素,所以 $b \mid c_n$.

类似地,以 b^n / a 乘方程(2)的两边可得

$$c_0 b^n / a = -c_1 b^{n-1} - \cdots - c_n a^{n-1},$$

于是$a|c_0$(注意,我们不必假定$c_0 \neq 0$,因为此时当然$a|c_0$).

特别,考虑方程$x^m - N = 0$,那么若$x = a/b$(其中a, b是互素整数),则得$b|1$,从而$b = \pm 1$,而$N = (\pm a)^m$.由此得到定理3.2.

如果一般地考虑方程(1)中$c_n = 1$的情形,亦即考虑方程

$$x^n + c_{n-1}x^{n-1} + \cdots + c_0 = 0, \qquad (3)$$

其中c_i是整数,那么可得:

定理 3.3 (Gauss定理) 如果ξ是方程(3)的根, 那么ξ或者是整数,或者是无理数.

证 只需证明:如果ξ不是整数,那么一定是无理数.用反证法.为此设$\xi = a/b$(a, b是互素整数,其中$b > 0$且$\neq 1$),那么依上面所证,应当$b|1$,从而$b = 1$, 这不可能. □

若我们不限定$c_n = 1$,则有下列定理(定理3.3是其特例):

定理3.4 (有理根判别法则) 如果$r = a/b$(其中a, b是互素整数)是方程(1)的有理根,那么$a|c_0, b|c_n$.

例3.1 作为定理3.3的一个应用,我们来证明$\sqrt{2} + \sqrt{3}$是无理数.

为了能应用Gauss定理,关键是找出$\sqrt{2} + \sqrt{3}$

所满足的方程.为此我们逐步做下列推演:

$$(\sqrt{2}+\sqrt{3})^2 = 5 + 2\sqrt{6},$$
$$(\sqrt{2}+\sqrt{3})^2 - 5 = 2\sqrt{6},$$
$$((\sqrt{2}+\sqrt{3})^2 - 5)^2 = (2\sqrt{6})^2, \qquad (4)$$

于是得到

$$((\sqrt{2}+\sqrt{3})^2 - 5)^2 - 24 = 0,$$

可见 $\sqrt{2}+\sqrt{3}$ 满足方程

$$(x^2 - 5)^2 - 24 = 0,$$

即

$$x^4 - 10x^2 + 1 = 0.$$

这个方程恰好具备方程(3)的特点.另外,由 $4 < 6 < 9$ 知 $2 < \sqrt{6} < 3$,于是由式(4) 推出

$$(\sqrt{2}+\sqrt{3})^2 > 5+2\cdot 2 = 9, \quad (\sqrt{2}+\sqrt{3})^2 < 5+2\cdot 3 < 16,$$

因此

$$3 < \sqrt{2}+\sqrt{3} < 4$$

(当然这也可通过数值方法估出),从而 $\sqrt{2}+\sqrt{3}$ 不是整数.于是由定理3.3得知 $\sqrt{2}+\sqrt{3}$ 是无理数.

到现在为止,除 π,e外,我们见到的无理数都是某个次数大于1的不可约整系数多项式的根,即形如式(1)的方程(其中 $n > 1$,并且不能分解为两个较低次数的整系数多项式之积)的根. 这种无理数称为代数无理数,或 n 次(代数)无理数.例如,

$\sqrt{2}$是二次无理数.注意,若实数α是某个一次整系数多项式的根,那么它一定是有理数.

§ **3.2** 下面是Gauss定理的另一个应用,但推理与前面有所不同,用到一点微积分知识(连续函数的性质).

例3.2 设s和L是不小于2的整数,则:

(a) 方程$x^s - Lx^{s-1} - 1 = 0$有一个无理根τ满足

$$L < \tau < L + L^{-(s-1)}. \tag{5}$$

(b) 方程$x^s - x^{s-1} - \cdots - x - 1 = 0$有一个无理根$\eta$满足

$$2 - 2^{-(s-1)} < \eta < 2 - 2^{-s}. \tag{6}$$

证 (a) 令$G(x) = x^s - Lx^{s-1} - 1$,那么

$$G(L) = -1 < 0,$$

$$\begin{aligned}
&G(L + L^{-(s-1)})\\
&= (L + L^{-(s-1)})^s - L(L + L^{-(s-1)})^{s-1} - 1\\
&= (L + L^{-(s-1)})^{s-1}\big((L + L^{-(s-1)}) - L\big) - 1\\
&= (L + L^{-(s-1)})^{s-1} \cdot L^{-(s-1)} - 1\\
&= \big(L^{-1}(L + L^{-(s-1)})\big)^{s-1} - 1\\
&= (1 + L^{-s})^{s-1} - 1 > 0.
\end{aligned}$$

依连续函数性质,存在$\tau \in (L, L + L^{-(s-1)})$,使得$G(\tau) = 0$. 因为区间$(L, L + L^{-(s-1)})$长度小于1,并

且左端点是整数,所以其中不含整数, 因此$\tau \notin \mathbb{Z}$,依Gauss定理,τ是无理数并且满足不等式(5).

(b) 令

$$Q(x) = (x-1)(x^s - x^{s-1} - \cdots - x - 1) = x^{s+1} - 2x^s + 1.$$

那么

$$
\begin{aligned}
Q(2 - 2^{-s}) &= (2 - 2^{-s})^{s+1} - 2(2 - 2^{-s})^s + 1 \\
&= (2 - 2^{-s})^s(2 - 2^{-s} - 2) + 1 \\
&= 1 - (1 - 2^{-(s+1)})^s > 0.
\end{aligned}
$$

还有

$$
\begin{aligned}
&Q(2 - 2^{-(s-1)}) \\
&= (2 - 2^{-(s-1)})^{s+1} - 2(2 - 2^{-(s-1)})^s + 1 \\
&= (2 - 2^{-(s-1)})^s(2 - 2^{-(s-1)} - 2) + 1 \\
&= 1 - 2^{-(s-1)}(2 - 2^{-(s-1)})^s \\
&= 1 - 2 \cdot (2^{-1})^s \cdot (2 - 2^{-(s-1)})^s \\
&= 1 - 2(1 - 2^{-s})^s.
\end{aligned}
$$

因为当$s \geqslant 2$时

$$2^{-s} + 2^{-1/s} < 1, \tag{7}$$

所以$1 - 2^{-s} > 2^{-1/s}$,于是$(1 - 2^{-s})^s > 1/2$,从而当$s \geqslant 2$时

$$Q(2 - 2^{-(s-1)}) < 0.$$

于是类似于题(a)可知,存在$\eta \in (2 - 2^{-(s-1)}, 2 - 2^{-s})$使得$G(\eta) = 0$,并且$\eta \notin \mathbb{Z}$,从而$\eta$是$G(x) = 0$的

无理根.注意$(x - 1)\big|_{x=\eta} \neq 0$,所以$\eta$是方程$x^s - x^{s-1} - \cdots - x - 1 = 0$的无理根,并且满足不等式(6).

注3.1 应用非初等方法可以证明上述两个方程的其他根(未必是实数)的模小于1.

注3.2 不等式(7)的证明:令

$$f(s) = 2^s - 2^{s-1/s} - 1 \quad (s \geqslant 2),$$

那么不等式(7)等价于

$$f(s) > 0 \quad (s \geqslant 2). \tag{8}$$

采用微分学方法.我们算出

$$\begin{aligned} f'(s) &= 2^s \log 2 - 2^{s-1/s}(1 + s^{-2}) \log 2 \\ &= 2^s \big(1 - 2^{-1/s}(1 + s^{-2})\big) \log 2. \end{aligned}$$

设$s \geqslant 2$.我们来证明$f'(s) > 0$,这等价于证明$1 - 2^{-1/s}(1 + s^{-2}) > 0$,也等价于证明

$$(1 + s^{-2})^s - 2 < 0 \quad (s \geqslant 2). \tag{9}$$

令$g(s) = (1 + s^{-2})^s - 2 \ (s \geqslant 2)$.那么当$s \geqslant 2$时

$$g'(s) = -\frac{2}{s^2}(1 + s^{-2})^{s-1} < 0,$$

于是$g(s)$单调减少,$g(s) < g(2) < 0$,即得不等式(9).因此确实$f'(s) > 0$,从而当$s \geqslant 2$时$f(s)$单调增加.由此推出$f(s) > f(2) > 0$,即得不等式(8).于是不等式(7)得证.

§3.3 作为一个小插曲,我们给出一个关于多重根式(一类特殊形式的代数无理数)的等式的例子. 1974年,D.Shanks动用了Galois理论给出这个等式的一个证明,1984年有人给出一个初等证明.

例 3.3 证明

$$\sqrt{5} + \sqrt{22 + 2\sqrt{5}}$$
$$= \sqrt{11 + 2\sqrt{29} +}$$
$$\sqrt{16 - 2\sqrt{29} + 2\sqrt{55 - 10\sqrt{29}}}. \tag{10}$$

注意,左右两边的数都等于

$$7.381\,175\,940\,895\,657\,970\,987\,266\cdots.$$

证 设 $a, b \in \mathbb{N}_0$,满足条件 $a^2 \geqslant 4b$.令

$$y = a - 2\sqrt{b}\,(\geqslant 0), \quad k = 2ay - y^2.$$

那么

$$\begin{aligned}
k &= y(2a - y) = (a - 2\sqrt{b})(a + 2\sqrt{b}) \\
&= a^2 - 4b \geqslant 0. \tag{11}
\end{aligned}$$

于是

$$\begin{aligned}
& 2a + 2\sqrt{k} \\
&= 2a + 2\sqrt{2ay - y^2} \\
&= 2a - y + y + 2\sqrt{2ay - y^2} \\
&= (2a - y) + 2\sqrt{y(2a - y)} + y \\
&= (\sqrt{2a - y} + \sqrt{y})^2,
\end{aligned}$$

19

从而(显然右边开方取正号)

$$\sqrt{2a + 2\sqrt{k}} = \sqrt{2a - y} + \sqrt{y}.$$

由此得到

$$\sqrt{k} + \sqrt{2a + 2\sqrt{k}} = \sqrt{2a - y} + \sqrt{y} + \sqrt{k}. \quad (12)$$

注意由

$$(\sqrt{y} + \sqrt{k})^2 = k + y + 2\sqrt{ky}$$

可知

$$\sqrt{y} + \sqrt{k} = \sqrt{k + y + 2\sqrt{ky}},$$

将此代入式(12),得到

$$\sqrt{k} + \sqrt{2a + 2\sqrt{k}} = \sqrt{2a - y} + \sqrt{k + y + 2\sqrt{ky}}. \tag{13}$$

最后,由式(11)以及y的定义,我们有

$$k = a^2 - 4b, \quad 2a - y = a + 2\sqrt{b},$$

以及

$$ky = (a^2 - 4b)(a - 2\sqrt{b}) = (a^2 - 4b)a - 2(a^2 - 4b)\sqrt{b},$$

将此三式代入式(13),可得恒等式

$$\sqrt{a^2 - 4b} + \sqrt{2a + 2\sqrt{a^2 - 4b}}$$
$$= \sqrt{a + 2\sqrt{b}} +$$
$$\sqrt{a^2 - 4b + a - 2\sqrt{b} + 2\sqrt{(a^2 - 4b)a - 2(a^2 - 4b)\sqrt{b}}}. \tag{14}$$

在式(14)中取 $a=11, b=29$,即得等式(10).

注3.3 类似地,在式(14)中取 $a=5, b=3$,则得

$$\sqrt{13} + \sqrt{10+2\sqrt{13}}$$
$$= \sqrt{5+2\sqrt{3}} + \sqrt{18-2\sqrt{3}+2\sqrt{65-26\sqrt{3}}}.$$

第 4 章　再谈 $\sqrt{2}$：Fermat 递降法

§4.1　这里给出 $\sqrt{2}$ 的无理性的另外一种证明.

设 $\sqrt{2}$ 是有理数,将它表示为

$$\frac{a}{b} = \sqrt{2} \quad (a, b\text{为正整数}), \tag{1}$$

因为 $1 < 2 < 4$,所以 $1 < \sqrt{2} < 2$,从而 $b < a < 2b$.我们算出

$$\frac{2b-a}{a-b} = \frac{2-a/b}{a/b-1} = \frac{2-\sqrt{2}}{\sqrt{2}-1} = \frac{\sqrt{2}(\sqrt{2}-1)}{\sqrt{2}-1} = \sqrt{2}.$$

因为 $1 \leqslant a-b < b$,所以上面的过程表明,如果 $\sqrt{2}$ 可以表示成两个正整数之比, 如式(1),那么它就可以表示成另外两个正整数 $2b-a$ 和 $a-b$ 之比(如上式), 但新的分母 $a-b$ 要比原来的(即 b)要小.如果"新"分母 $a-b$ 仍然大于 1,那么上述过程又可继续进行下去,并且经过有限步后,$\sqrt{2}$ 可以表示成两个正整数之比,其中分母被减小到 1,于是 $\sqrt{2}$ 是一个正整数,这当然不可能.因此 $\sqrt{2}$ 是无理数.

上面的方法称为 Fermat 递降法,P.de Fermat 首先将它用于不定方程的研究.类似地, 借助推理

$$\frac{a}{b} = \sqrt{7} \Longrightarrow \frac{7b-2a}{a-2b} = \frac{a}{b} \quad (b > a - 2b > 0),$$

以及

$$\frac{a}{b} = \sqrt{57} \Longrightarrow \frac{57b-7a}{a-7b} = \frac{a}{b} \quad (b > a - 7b > 0),$$

22

可以分别得到$\sqrt{7}$和$\sqrt{57}$的无理性.

一般地,设N不是完全平方数,那么对于任何实数$k \neq \sqrt{N}$,总有

$$\sqrt{N} = \frac{N - k\sqrt{N}}{\sqrt{N} - k}.$$

如果

$$\sqrt{N} = \frac{a}{b}, \tag{2}$$

其中a, b是互素正整数,那么

$$\sqrt{N} = \frac{Nb - ka}{a - kb}. \tag{3}$$

我们选取k为满足下列条件的正整数:

$$0 < a - kb < b, \quad Nb - ka > 0. \tag{4}$$

于是$k = [\sqrt{N}]$,并且由式(3)可类似于上面的证明推出矛盾,从而确立$\sqrt{N}$的无理性.

§4.2 现在给出上述证明的一个几何解释.

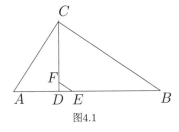

图4.1

设直角三角形ABC中(图4.1),C是直角,CD是斜边AB上的高.若$AD = b, CD = a$,那么$BD =$

23

a^2/b,于是由式(2)得 $BD = \sqrt{N}a = Nb$. 取 $k = [\sqrt{N}]$.注意 N 不是完全平方数,所以 $\sqrt{N}$ 不是整数,从而

$$0 < \sqrt{N} - k < 1. \qquad (5)$$

在 BD 上截取线段 $BE = kCD$,过 E 作 BC 的平行线交 CD 于 F.那么剩余线段 $DE = BD - BE = Nb - ka$;同时又有 $DE = \sqrt{N}a - ka = (\sqrt{N} - k)a$.由式(5)得 $DE = Nb - ka = (\sqrt{N} - k)a > 0$. 又由于 EF 与 BC 平行,并注意式(2),所以得知

$$\begin{aligned} DF &= \frac{DE}{DB} \cdot CD \\ &= \frac{(\sqrt{N} - k)a}{\sqrt{N}a} \cdot a \\ &= (\sqrt{N} - k)b \\ &= a - kb. \end{aligned}$$

再次应用式(5),我们得到 $DF = (\sqrt{N} - k)b < b$,因此 $0 < DF = a - kb < b$. 由于三角形 FDE 与三角形 ADC 相似,所以

$$\frac{DE}{DF} = \frac{CD}{AD} = \sqrt{N},$$

亦即式(3)成立,并且式(4)也满足.这种作图可在三角形 FDE 中继续进行.

§4.3 基于 Fermat 递降法,现在用几何方法证明 $\sqrt{2}$ 是无理数.直观地说,就是用某些线段的相截代替有关式子的运算,从几何作图过程导出矛盾.

考虑等腰直角三角形ABC(图4.2),其中C为直角.在斜边AB上截取线段$AC_1 = AC$,过C_1作AB的垂线交CB于D,于是得到一个新的等腰直角三角形BDC_1,它的腰要比原等腰直角三角形的腰短,并且对它可以再次进行上述操作;由于等腰直角三角形的腰总比斜边短,所以这种操作可以永远进行下去而不会终止.我们分别用a_0, b_0表示原三角形ABC的斜边和腰的长,用$a_n, b_n (n \geqslant 1)$表示第n个"新"三角形的斜边和腰的长.

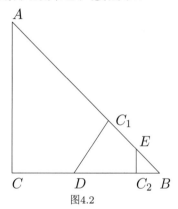

图4.2

容易证明

$$CD = DC_1 = C_1 B,$$

于是

$$
\begin{aligned}
DC_1 &= C_1 B = AB - AC_1 \\
&= AB - AC = a_0 - b_0, \\
BD &= BC - CD = BC - DC_1 \\
&= b_0 - (a_0 - b_0) = 2b_0 - a_0,
\end{aligned}
$$

25

也就是

$$a_1 = 2b_0 - a_0, \quad b_1 = a_0 - b_0. \tag{6}$$

类似地,可证明

$$a_2 = 2b_1 - a_1, \quad b_2 = a_1 - b_1. \tag{7}$$

一般地,由数学归纳法得

$$a_n = 2b_{n-1} - a_{n-1}, \quad b_n = a_{n-1} - b_{n-1} \quad (n \geqslant 1). \tag{8}$$

如果$\sqrt{2} = p/q$(p, q是互素正整数)是有理数,那么$a_0/b_0 = p/q$, 记$a_0/p = \lambda$(这是一个常数),则有

$$a_0 = p\lambda, \quad b_0 = q\lambda.$$

将它们代入式(6)可得

$$a_1 = (2q - p)\lambda, \quad b_1 = (p - q)\lambda;$$

将它们代入式(7)可得

$$a_2 = (3p - 4q)\lambda, \quad b_2 = (3q - 2p)\lambda;$$

等等.一般地,由式(8),并注意$a_n, b_n > 0$,可知a_n, b_n $(n \geqslant 0)$都是λ的正整数倍.我们记

$$a_n = l_n\lambda, \quad b_n = k_n\lambda \quad (n \geqslant 0)$$

其中l_n, k_n是正整数.因为a_n, b_n在逐渐减小,所以正整数列l_n, k_n($n \geqslant 0$)严格单调递降,从而是有限

序列,这与上述作图过程的无限性矛盾. 于是完成证明.

注 4.1　一般地,设 m 是一个正整数,用同样的方法可证明 $\sqrt{1+m^2}$ 是无理数(当 $m = 1$ 时,就得上述关于 $\sqrt{2}$ 的结果).为此, 作直角三角形 ABC (图4.3),其中 C 为直角,直角边 $AC = m$, $BC = 1$, 于是斜边 $AB = \sqrt{1+m^2}$. 记 BC 的对角的大小为 θ. 在 AB 上截取线段 $AC_1 = AC$, 过 C_1 作 AB 的垂线交 CB 于 D, 于是得到一个与原直角三角形 BAC 相似的"新"的直角三角形 BDC_1. 我们可以继续进行同样的截取,并且过程不会终止. 得到的直角三角形彼此相似.将它们的斜边长记作 a_n, 大小为 θ 的锐角的对边长记作 b_n, 另一条直角边的长记作 $t_n (n = 0, 1, 2, \cdots)$. 那么有

$$a_n : b_n : t_n = \sqrt{1+m^2} : 1 : m \quad (n = 0, 1, 2, \cdots).$$
$$(9)$$

我们有

$$a_0 = \sqrt{1+m^2}, \quad b_0 = 1.$$

还有

$$\begin{aligned}
BC_1 &= AB - AC_1 \\
&= AB - AC \\
&= \sqrt{1+m^2} - m \\
&= a_0 - mb_0,
\end{aligned}$$

且依式(9),

$$
\begin{aligned}
BD &= \sqrt{1+m^2}\,BC_1 \\
&= \sqrt{1+m^2}(a_0 - mb_0) \\
&= (a_0/b_0)^2 b_0 - (a_0/b_0)mb_0 \\
&= (1+m^2)b_0 - ma_0,
\end{aligned}
$$

于是

$$
a_1 = (1+m^2)b_0 - ma_0, \quad b_1 = a_0 - mb_0.
$$

类似地,注意式(9),得

$$
\begin{aligned}
b_2 &= a_1 - mb_1, \\
a_2 &= \sqrt{1+m^2}\,b_2 \\
&= (a_1/b_1)(a_1 - mb_1) \\
&= (a_1/b_1)^2 b_1 - ma_1 \\
&= (1+m^2)b_1 - ma_1.
\end{aligned}
$$

一般地,由数学归纳法得

$$
a_n = (1+m^2)b_{n-1} - ma_{n-1},
$$
$$
b_n = a_{n-1} - mb_{n-1}
$$
$$
(n \geqslant 1).
$$

由此即可仿前导出矛盾.

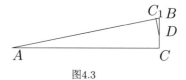

图4.3

注4.2 §4.3中的证法实际上是§4.1中的"代数证法"的几何变体. 虽然对于$\sqrt{2}$而言,这两个证明都不如应用整除性简便,但我们看重的是作为一种方法它所具有的某种一般性的思想.

注4.3 两个量a和b称为可公度的,如果存在量λ使a,b都可表示为λ的整数倍,而λ则称为它们的一个公度.否则称a和b是不可公度的. 例如,12和18是可公度的,1,2,3,6等都是它们的公度,6是最大公度. $2\sqrt{2}$和$3\sqrt{2}$也是可公度的,$\sqrt{2}$是它们的一个公度.但2和$\sqrt{2}$是不可公度的.

无理性的几何证明传统上使用"公度"语言(参见[11]).本书没有采用这种方式,但不难看出本章中使用的方法和传统方法本质上相通,收到异曲同工之效.

第 5 章 黄金分割点:$\sqrt{5}$的无理性

§ **5.1** 下面应用上章给出的几何方法证明 $\sqrt{5}$ 是无理数.

记 $\alpha = (\sqrt{5} - 1)/2$,那么

$$\alpha^2 = 1 - \alpha. \qquad (1)$$

作长度为1 的线段 AB (图5.1), 在其上截取线段 $AC = \alpha$,那么 $AC^2 = \alpha^2 = 1 - \alpha = 1 \cdot (1 - \alpha) = AB \cdot CB$,亦即

$$\frac{AB}{AC} = \frac{AC}{CB},$$

因此,C是线段AB的黄金分割点.

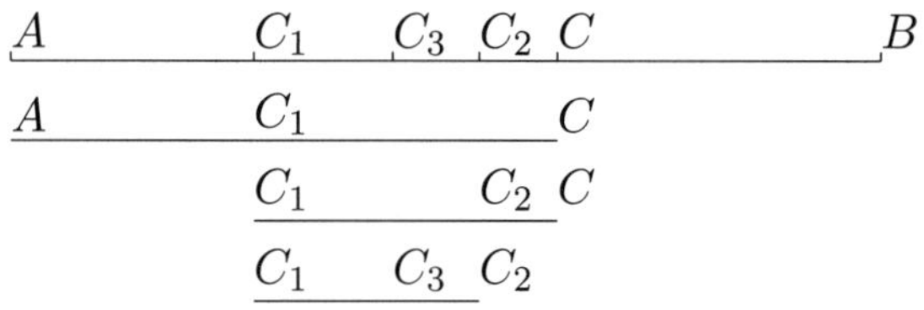

$$
\begin{array}{l}
\underline{A \qquad\qquad C_1 \qquad C_3\ C_2\ C \qquad\qquad\qquad B} \\
\underline{A \qquad\qquad C_1 \qquad\qquad C} \\
\underline{\qquad\qquad C_1 \qquad\qquad C_2\ C} \\
\underline{\qquad\qquad C_1 \qquad C_3\ C_2}
\end{array}
$$

图5.1

现在用α去除1,可得

$$1 \div \alpha = \frac{1}{\alpha} = \frac{\sqrt{5} + 1}{2}.$$

因为

$$4 < 5 < 9, 2 < \sqrt{5} < 3, 3/2 < (\sqrt{5} + 1)/2 < 2,$$

30

所以$1 \div \alpha$的商是1, 而余数是$1 - \alpha$. 在上面的作图中, "剩余线段" BC 的长恰好就是这个余数, 即$BC = 1 - \alpha$. 由式(1), 也有$BC = \alpha^2$.

接着用α^2去除α, 可得

$$\alpha \div \alpha^2 = \frac{1}{\alpha} = \frac{\sqrt{5}+1}{2},$$

与上述情形一样, 所得商是1, 而余数是$\alpha - \alpha^2 = \alpha(1 - \alpha)$, 由式(1)可知, 这个余数等于$\alpha^3$. 我们在线段$CA$上截取线段$CC_1 = CB$. 因为$B$和$C_1$关于$C$对称, 所以不妨称此作图为上次"剩余线段"的"对折". 易见所得第二次剩余线段

$$
\begin{aligned}
AC_1 &= AC - CC_1 \\
&= AC - BC \\
&= \alpha - \alpha^2 \\
&= \alpha(1 - \alpha) = \alpha^3,
\end{aligned}
$$

恰好也是这次作除法得到的余数. 另外, 由$CC_1 : AC = \alpha^2 : \alpha = \alpha$可知"对折"得到的点$C_1$是上次截得线段$AC$的黄金分割点.

我们继续用剩余线段AC_1的长α^3去除截得线段CC_1的长α^2, 并作相应的"对折"作图, 那么第三次剩余线段$CC_2 = \alpha^4$(即进行除法$\alpha^2 \div \alpha^3$所得余数), 而且C_2是上次截得线段CC_1的黄金分割点. 一般地, 设$n \geqslant 1$, 那么第n次剩余线段的长为α^{n+1}, 对折所得到的点是上次截得线段的黄金分割点. 因此, 这个过程不可能终止.

若 $\alpha = a/b$(a, b是互素正整数),那么$AB : AC =$
$a : b$,记$AB/a = \delta$(这是一个常数),那么$AB =$
$a\delta, AC = b\delta$,它们都是δ的正整数倍. 第一次剩余
线段的长$BC = AB - AC = a\delta - b\delta = (a-b)\delta$.因
为$BC > 0$, 所以$a - b > 0$,即BC也是δ的正整
数倍.因为每个剩余线段都是两个长为δ的正整
数倍的线段之差,所以它们的长都是δ的正整数
倍. 由$4 < 5 < 9$可推出$1/2 < \alpha < 1$,因而第n次
剩余线段的长α^{n+1} 是递降的.如将这个长表示
为$k_n\delta$,那么正整数列$k_n(n \geqslant 1)$递降, 从而有限,这
与上述作图过程的无限性矛盾.于是结论得证.

§5.2 我们即将结束关于代数无理数基本
结果的讨论,在此要做一个补注.

定理3.1给出根式 $\sqrt[m]{N}$(N是正整数但不是某
个整数的m次幂)的无理性,是一个一般性结果,证
明方法也具有一般性.上面关于$\sqrt{2}, \sqrt{5}$的几何证
明是一种特殊方法,看来难以应用于非二次根式.
这似乎表明二次根式的某种特殊性.下面给出$\sqrt{N}$
(N是正整数但不是某个整数的2次幂)的无理性
的另一种证明,它不直接需要素因子分解.

由关于N的假设,$\sqrt{N}$不是整数,因此

$$0 < \sqrt{N} - [\sqrt{N}] < 1. \qquad (2)$$

如果$\sqrt{N}$是有理数,那么存在最小的正整数k使得
$k \cdot \sqrt{N} \in \mathbb{N}$. 于是

$$kN - (k\sqrt{N})[\sqrt{N}] \in \mathbb{N},$$

也就是

$$(k\sqrt{N} - k[\sqrt{N}]) \cdot \sqrt{N} \in \mathbb{N}. \qquad (3)$$

由k的定义可知$k\sqrt{N} - k[\sqrt{N}]$是一个整数,由式(2)得到

$$0 < k\sqrt{N} - k[\sqrt{N}] = k(\sqrt{N} - [\sqrt{N}]) < k,$$

这与k的最小性矛盾.

由式(3)容易看出上面的证法不能扩充到数$\sqrt[m]{N}\,(m > 2)$的情形.

第 6 章 由 $\sqrt{2}$ 到 $\lg 2$: 非代数无理数

§6.1 在前面几章给出的 $\sqrt{2}$, $\sqrt[m]{N}$ 等数的无理性证明中,我们多次应用了正整数的整除性,其依据是所谓算术基本定理(它是整个初等数论的基石,其证明在任何一本初等数论教程中都可找到):

每个正整数 N 都可表示成有限多个不同的素数的幂的乘积的形式:

$$N = p_1^{\alpha_1} p_2^{\alpha_2} \cdots p_s^{\alpha_s}, \tag{1}$$

其中 $p_1, p_2, \cdots, p_s$ 是不同的素数,$\alpha_1, \alpha_2, \cdots, \alpha_s$ 是正整数; 并且若不考虑这些素数的顺序上的差别,这种表示形式是唯一的.

式(1)称为 N 的标准素因子分解式,我们记

$$\mathrm{Ord}_{p_i}(N) = \mathrm{Ord}_i(N) = \alpha_i \quad (i = 1, 2, \cdots, s),$$

称为 N 对于因子 p_i 的次数.

我们现在给出另一个基于整除性判断数的无理性的例子,即证明2的常用对数 $\lg 2$ 是无理数.

用反证法.设

$$\lg 2 = \frac{u}{v},$$

其中 u, v 是互素的正整数.由对数定义得 $10^{u/v} = 2$. 因为 v 是正整数,所以将此式两边 v 次方可得

$10^u = 2^v$,即$2^u \cdot 5^u = 2^v$.按算术基本定理,这不可能.因此lg 2是无理数.

一般地,我们有下列的:

定理 6.1 设 $a, N \geqslant 2$ 是两个正整数, $S(a)$ 和 $S(N)$ 分别表示它们的(不同的)素因子的集合, 那么 $\log_a N$ 是有理数的充分必要条件是

$$S(a) = S(N) = \{p_1, \cdots, p_s\} \quad (s \geqslant 1),$$

并且 $\mathrm{Ord}_k(N)/\mathrm{Ord}_k(a) \, (k = 1, \cdots, s)$ 相等.

证 如果 $\log_a N = r = u/v$ (其中 $u, v > 0$ 互素)是有理数,那么

$$a^u = N^v, \tag{2}$$

由此可知 $S(a) = S(N)$, 记这个集合为 $\{p_1, \cdots, p_s\}$ $(s \geqslant 1)$, 而且将 a 和 N 的标准素因子分解式写成

$$
\begin{aligned}
a &= p_1^{\alpha_1} \cdots p_s^{\alpha_s}, \\
N &= p_1^{\beta_1} \cdots p_s^{\beta_s},
\end{aligned}
$$

于是由式(2)易推出 $\mathrm{Ord}_k(N)/\mathrm{Ord}_k(a)(k = 1, \cdots, s)$ 都等于 r. 充分性部分是显然的. $\square$

推论 设 $a, N \geqslant 2$ 是两个正整数, $S(a), S(N)$ 分别表示它们的素因子的集合, 那么 $\log_a N$ 是无理数, 当且仅当下列两个条件之一成立:

(1) $S(a) \neq S(N)$;

(2) $S(a) = S(N)$, 但 $\mathrm{Ord}_k(N)/\mathrm{Ord}_k(a)$ 不全相等.

例 6.1 证明 $\log_{12} 36$ 是无理数.

证 此处 $a = 2^2 \cdot 3$, 其素因子的集合是 $\{2, 3\}$; $N = 2^2 \cdot 3^2$, 其素因子的集合也是 $\{2, 3\}$, 但两者对于因子 2 和 3 的次数之比不相等, 因此依定理 6.1 的推论, 它是无理数.

另证 我们有

$$
\begin{aligned}
\log_{12} 36 &= \frac{\lg 36}{\lg 12} = \frac{2\lg 2 + 2\lg 3}{2\lg 2 + \lg 3} \\
&= 1 + \frac{\lg 3}{2\lg 2 + \lg 3} = 1 + \frac{1}{1 + 2 \cdot \dfrac{\lg 2}{\lg 3}} \\
&= 1 + \frac{1}{1 + 2\log_3 2}.
\end{aligned}
$$

因为由定理 6.1 知 $\log_3 2$ 是无理数, 所以 $\log_{12} 36$ 也是无理数.

我们要注意, 在中学阶段, 我们接触到的函数除多项式和根式 $\sqrt[m]{x}$ 外, 还有指数函数 a^x, 对数函数 $\log_a x$, 等等. 定理 6.1 涉及的只是对数函数的简单情形 (对数的底和自变量 x 取正整数). 因此, 我们已经可以想象到整除性方法难以处理一般情形对数函数值的无理性问题. 事实上, $\sqrt{2}$ 满足多项式方程 $x^2 - 1 = 0$, 但 $\lg 2$ 不是任何整系数非零多项式的根 (要证明这一点并不容易, 这是本书第 17 章到第 21 章的话题). 因此, $\lg 2$ 不是代数无理数. 一般地, 如果一个实数不是任何整系数非零多项式的根, 亦即它不是有理数, 也不是代数无理数, 那么称作非代数无理数. 例如, $\lg 2$, $\log_3 2$ 都是非代数无理数.

§6.2 由于方法的限制,定理6.1只考虑底和真数都是正整数的情形(当然包含了常用对数). 在第8章中,定理8.1的推论考虑了自然对数,即:

推论 若$r > 0$为有理数,则自然对数$\log r$是无理数.

如果我们以自然对数的底e是超越数(即它不是任何整系数非零多项式的根)为前提,那么我们可以类似于前面的思路进行证明:

记$r = p/q$是给定有理数,设$\log r = u/v$(其中$u, v > 0$互素)是有理数,那么

$$\mathrm{e}^{u/v} = \frac{p}{q},$$

于是

$$q^v \mathrm{e}^u = p^v.$$

因此,e满足整系数多项式方程$q^v z^u - p^v = 0$,我们得到矛盾.

第 7 章　初等数学:无理性证明的例子

§**7.1**　本章汇集一些应用初等数学知识证明数的无理性的例子.

例7.1　用Gauss定理证明下列实数都是无理数:

(1)　$\sqrt[3]{2} + \sqrt[3]{3}$.

(2)　$\sqrt[3]{2 + \sqrt[4]{7}}$.

证　(1)　记

$$\xi = \sqrt[3]{2} + \sqrt[3]{3}$$

,将

$$\xi - \sqrt[3]{2} = \sqrt[3]{3}$$

两边同时立方可得

$$\xi^3 - 5 = 3\xi \cdot \sqrt[3]{2}(\xi - \sqrt[3]{2}).$$

注意

$$\xi - \sqrt[3]{2} = \sqrt[3]{3},$$

所以

$$\xi^3 - 5 = 3\xi \cdot \sqrt[3]{2} \cdot \sqrt[3]{3}.$$

再次两边同时立方可知ξ满足方程

$$x^9 - 15x^6 - 87x^3 - 125 = 0.$$

注意

$$2 < \sqrt[3]{2} + \sqrt[3]{3} < 2\sqrt[3]{3} = \sqrt[3]{24} < \sqrt[3]{27} = 3,$$

可知ξ不是整数,因而ξ是无理数.

(2) 类似于题(1)可导出所给数$\eta = \sqrt[3]{2+\sqrt[4]{7}}$满足方程

$$(x^3 - 2)^4 - 7 - 0.$$

易知

$$
\begin{aligned}
1 \ &< \ \xi < \ \sqrt[3]{2+\sqrt[4]{16}} \\
&< \ \sqrt[3]{2+2} \\
&= \ \sqrt[3]{4} < \sqrt[3]{8} = 2,
\end{aligned}
$$

即知η不是整数,因而η是无理数.

例7.2 证明 $\sin(\pi/9)$(即$\sin 20°$) 和 $\cos(\pi/9)$(即$\cos 20°$)都是无理数.

证 (i) 由正弦三倍角公式

$$\sin 3\theta = 3\sin\theta - 4\sin^3\theta,$$

在其中取$\theta = \pi/9$,可知$\sin(\pi/9)$是方程

$$4x^3 - 3x = -\frac{\sqrt{3}}{2}$$

的根.如果$\sin(\pi/9)$是有理数,那么$\sqrt{3}/2$也是有理数,这不可能. 所以$\sin(\pi/9)$是无理数.

(ii) 由余弦三倍角公式

$$\cos 3\theta = 4\cos^3\theta - 3\cos\theta,$$

在其中取$\theta = \pi/9$,可知$\cos(\pi/9)$是方程

$$8x^3 - 6x - 1 = 0$$

39

的根.如果 $r = a/b$(其中 a, b 是互素整数)是上面方程的有理根,那么 $a|1, b|8$. 所以 r 的可能值是 ± 1, $\pm 1/2, \pm 1/4, \pm 1/8$. 逐个检验可知这个方程确实没有有理根.由定理3.4可知 $\cos(\pi/9)$ 是无理数.

例 7.3 证明 $\sin 1°$(即 $\sin(\pi/180)$)是无理数.

证 设 $\sin 1°$ 是有理数,那么由于

$$
\begin{aligned}
\cos 2° &= 1 - 2\sin^2 1°, \\
\cos 4° &= 2\cos^2 2° - 1, \\
\cos 8° &= 2\cos^2 4° - 1, \\
\cos 16° &= 2\cos^2 8° - 1,
\end{aligned}
$$

可知上面这些等式左边的数也是有理数.现在我们有

$$
\begin{aligned}
&\cos 30° \\
=\ &\cos(32° - 2°) \\
=\ &\cos 32° \cos 2° + \sin 32° \sin 2° \\
=\ &(2\cos^2 16° - 1)\cos 2° + \\
&16\cos 16° \cos 8° \cos 4° \cos 2° \sin^2 2° \\
=\ &(2\cos^2 16° - 1)\cos 2° + \\
&16\cos 16° \cos 8° \cos 4° \cos 2°(1 - \cos^2 2°),
\end{aligned}
$$

因而 $\cos 30°$ 也是有理数.但

$$
\cos 30° = \sqrt{3}/2,
$$

于是得到矛盾,所以 $\sin 1°$ 是无理数.

例7.4 设α是正整数,则级数

$$\sum_{n=0}^{\infty} \frac{1}{\alpha^{2^n}}$$

是无理数.

证 我们可将级数化成无限小数(以α为底)

$$0.110\,000\,010\,000\cdots10\cdots,$$

其中数字1出现在小数点后第$2^n(n \geqslant 0)$位,其余数字全为0.因此全由0组成的数字段可以任意长,从而无限小数不可能是周期的,因而是无理数(也可应用例9.2得到这个结论).

例7.5 设无穷数列

$$a_n, b_n \quad (n = 1, 2, \cdots)$$

分别由下列递推公式定义:

$$a_0 = 0, \quad a_1 = 1, \quad a_n = 2a_{n-1} + a_{n-2} \quad (n \geqslant 2);$$
$$b_0 = 1, \quad b_1 = 1, \quad b_n = 2b_{n-1} + b_{n-2} \quad (n \geqslant 2).$$

令

$$P_n(z) = a_n^2 z^2 - b_n^2 \quad (n \geqslant 0),$$

那么

$$|P_n(\sqrt{2})| = 1 \quad (n \geqslant 0),$$

并由此证明$\sqrt{2}$是无理数.

证 注意由递推关系式可得

$$2a_{n+1}^2 - b_{n+1}^2$$
$$= 4(2a_n^2 - b_n^2) + 4(2a_{n-1}a_n - b_{n-1}b_n) +$$
$$(2a_{n-1}^2 - b_{n-1}^2),$$
$$2a_n a_{n+1} - b_n b_{n+1}$$
$$= 2(2a_n^2 - b_n^2) + (2a_{n-1}a_n - b_{n-1}b_n),$$

因此用数学归纳法容易证明

$$2a_n^2 - b_n^2 = (-1)^{n+1} \quad (n \geqslant 0);$$
$$2a_{n-1}a_n - b_{n-1}b_n = (-1)^n \quad (n \geqslant 1).$$

由此可知
$$|P_n(\sqrt{2})| = 1 (n \geqslant 0).$$
若
$$\sqrt{2} = r/s,$$

其中r, s是互素正整数, 那么我们有

$$1 = |P_n(\sqrt{2})|$$
$$= \left| (a_n\sqrt{2} - b_n)(a_n\sqrt{2} + b_n) \right|$$
$$= \left| \left(a_n \frac{r}{s} - b_n \right) \left(a_n \frac{r}{s} + b_n \right) \right|$$
$$= |a_n r - b_n s| \left(\frac{a_n r + b_n s}{s^2} \right).$$

于是$a_n r - b_n s$是非零整数,并且

$$0 < |a_n r - b_n s| = \frac{s^2}{a_n r + b_n s}.$$

因为无穷正整数列a_n, b_n严格递增,所以存在下标$\overline{n}$使得

$$s^2/(a_{\overline{n}}r + b_{\overline{n}}s) < 1,$$

从而

$$0 < |a_{\overline{n}}r - b_{\overline{n}}s| < 1.$$

但

$$a_{\overline{n}}r - b_{\overline{n}}s$$

是非零整数,故得矛盾. 因此$\sqrt{2}$是无理数.

例7.6 证明:如果实数α满足

$$\cos \pi\alpha = \frac{1}{3},$$

则α是无理数.

证 证法1 (i) 若$\alpha = p/q$是有理数,其中p和q是互素整数,$q > 0$,那么由

$$\cos(n\pi\alpha) = \cos\left(\frac{n}{q}p\pi\right)$$

可知:当$n = 0$时,

$$\cos(n\pi\alpha) = 1;$$

当$n = 1, 2, \cdots, q-1, q$时,分别得到值

$$\cos\left(\frac{1}{q}p\pi\right), \cos\left(\frac{2}{q}p\pi\right), \cdots,$$
$$\cos\left(\frac{q-1}{q}p\pi\right), \cos\left(\frac{q}{q}p\pi\right) = (-1)^p.$$

当$n = kq+1, kq+2, \cdots, kq+(q-1), kq+q$时,其中$k \in \mathbb{Z}$,则得到的值与上述各值相差一个因子$(-1)^{kp}$.因此总共至多$2q$个不同的值.于是

$$\alpha \in \mathbb{Q} \Rightarrow \{\cos(n\pi\alpha) \ (n \in \mathbb{Z})\}是有限集.$$

(ii) 若
$$\cos \pi\alpha = \frac{1}{3},$$
则由$\cos 2x = 2\cos^2 x - 1$可算出

$$\cos 2\pi\alpha = 2\left(\frac{1}{3}\right)^2 - 1 = \frac{2 - 3^2}{3^2},$$

其中$3 \nmid 2 - 3^2$;类似地,

$$\cos 2^2\pi\alpha = 2\left(\frac{2-3^2}{3^2}\right)^2 - 1 = \frac{2(2-3^2)^2 - 3^{2^2}}{3^{2^2}},$$

其中
$$3 \nmid 2(2-3^2)^2 - 3^{2^2}.$$

应用数学归纳法可知:当$m \in \mathbb{N}$,

$$\cos(2^m\pi\alpha) = \frac{R_m}{3^{2^m}},$$

其中R_m是整数,$3 \nmid R_m$.因此$\cos(n\pi\alpha) \ (n \in \mathbb{N})$形成一个无限集合. 依步骤(i)中得到的结论推出$\alpha$不可能是有理数.

证法2 若α_0满足$\cos \pi\alpha_0 = 1/3$,则 $\alpha_0 + 2k$ $(k \in \mathbb{Z})$也满足同样的方程,所以只需证明

$$\alpha_0 = \frac{1}{\pi}\arccos\frac{1}{3}$$

44

是无理数.我们有下列一般结果(见例7.7):

对于每个奇数$n \geqslant 3$, 实数

$$\theta_n = \frac{1}{\pi} \arccos\left(\frac{1}{\sqrt{n}}\right)$$

是无理数(显然$\alpha_0 = \theta_9$).

例7.7 对于每个奇数$n \geqslant 3$, 实数

$$\theta_n = \frac{1}{\pi} \arccos\left(\frac{1}{\sqrt{n}}\right)$$

是无理数.

证 记$\varphi_n = \arccos(1/\sqrt{n})$,于是$0 \leqslant \varphi_n \leqslant \pi, \cos\varphi_n = 1/\sqrt{n}$.由公式

$$\cos\alpha + \cos\beta = 2\cos\frac{\alpha+\beta}{2}\cos\frac{\alpha-\beta}{2}$$

可得

$$\cos(k+1)\varphi = 2\cos\varphi\cos k\varphi - \cos(k-1)\varphi. \quad (1)$$

我们来证明:对于奇整数$n \geqslant 3$,有

$$\cos k\varphi_n = \frac{A_k}{(\sqrt{n})^k} \quad (k \geqslant 0 \text{ 是整数}), \quad (2)$$

其中A_k是一个不被n整除的整数.当$k = 0, 1$时,显然$A_0 = A_1 = 1$.若式(2) 对某个$k \geqslant 1$成立,那么由式(1)得

$$\begin{aligned}
\cos(k+1)\varphi_n &= 2\frac{1}{\sqrt{n}}\frac{A_k}{(\sqrt{n})^k} - \frac{A_{k-1}}{(\sqrt{n})^{k-1}} \\
&= \frac{2A_k - nA_{k-1}}{(\sqrt{n})^{k+1}},
\end{aligned}$$

因而 $A_{k+1} = 2A_k - nA_{k-1}$ 是一个不被(大于3的奇整数)n整除的整数. 于是式(2)得证.

现在设 $\theta_n = \varphi_n/\pi = p/q$,其中 p, q 是正整数,那么 $q\varphi_n = p\pi$,从而

$$\pm 1 = \cos p\pi = \cos q\varphi_n = \frac{A_q}{(\sqrt{n})^q},$$

由此推出 $(\sqrt{n})^q = \pm A_q$ 是一个整数,并且 $q \geqslant 2$,特别,可知 $n|(\sqrt{n})^q$,亦即 $n|A_q$,故得矛盾.于是 θ_n 是无理数.

注 7.1 易知 $\theta_1 = 0, \theta_2 = 1/4, \theta_4 = 1/3$, 可以证明,仅当 $n \in \{1, 2, 4\}$,θ_n 是有理数.另外,θ_n 的无理性等价于说: 对于每个奇整数 $n \geqslant 3$,若在单位圆上从某个点开始连续截取长度为 $\pi\theta_n$ 的弧,那么将永远不会回到起点.另外,本例当 $n = 3$ 和 $n = 9$ 的情形被应用于 Hilbert 第三问题(关于多面体的剖分)的解中.

例 7.8 设 $m = 3$ 或是大于4的整数,则 $\tan(\pi/m)$ 是无理数.

证 $m = 3$ 时结论显然成立.对于一般情形,首先设 m 是奇数. 记 $t = \tan\alpha$.由 de Moivre 公式

$$\cos m\alpha + i \sin m\alpha = (\cos\alpha + i \sin\alpha)^m$$

(记号 i 表示 $\sqrt{-1}$)可得

$$\tan m\alpha = \frac{\binom{m}{1}t - \binom{m}{3}t^3 + \binom{m}{5}t^5 - \cdots}{1 - \binom{m}{2}t^2 + \binom{m}{4}t^4 - \cdots},$$

其中分子和分母都是t的多项式.我们用数学归纳法证明:当m为奇数时,它可以写成

$$\tan m\alpha = \frac{\pm t^m + P_m(t)}{1 + Q_m(t)}, \qquad (3)$$

其中$P_m(t), Q_m(t)$是t的次数小于m的整系数多项式(也可能为零多项式),而且$Q_m(t)$ 的常数项为零.

事实上,当$m = 1$时,

$$\tan\alpha = t, \quad P_1(t) = Q_1(t) = 0.$$

设当$m = k \geqslant 1 (k$为奇数$)$时上述结论成立,那么

$$\tan(k+2)\alpha$$

$$= \frac{\tan k\alpha + \tan 2\alpha}{1 - \tan k\alpha \tan 2\alpha}$$

$$= \frac{\left(\pm t^k + P_k(t)\right)/(1 + Q_k(t)) + 2t/(1 - t^2)}{1 - 2t\left(\pm t^k + P_m(t)\right)/\left(1 - t^2\right)\left(1 + Q_k(t)\right)}.$$

它可化简为

$$\frac{\mp t^{k+2} \pm t^k + (1 - t^2)P_k(t) + 2t\left(1 + Q_k(t)\right)}{1 + Q_k(t) - t\left(t(1 + Q_k(t)) + 2(\pm t^k + P_k(t))\right)}.$$

由此易知上述结论对$m = k + 2$也成立.

令$\alpha = \pi/m$,那么$\tan m\alpha = \tan\pi = 0$,这表明$t = \tan(\pi/m)$是式 (3)的分子中的多项式的根.这个多项式具有定理3.2所说的特点. 另外,由$1 < \tan(\pi/3) = \sqrt{3} < 2$,及当$m > 4$时$0 < \tan\alpha < \tan(\pi/4) = 1$,可知$\tan(\pi/m)$不是整数,因而它是无理数.

47

其次设 m 是偶数，那么 $m = 2^k n$（其中 $k \geqslant 1, n$ 是奇数）．用反证法，设 $\tan(\pi/m)$ 是有理数．于是，当 $n > 1$ 时，由倍角公式

$$\tan 2\alpha = \frac{2 \tan \alpha}{1 - \tan^2 \alpha}$$

可知 $\tan(\pi/(m/2)) = \tan(2 \cdot (\pi/m))$ 也是有理数；重复这个过程 k 次，可知 $\tan(\pi/n)$ 也是有理数．但注意 $n > 1$ 为奇数，这与上面所证结论矛盾．类似地，当 $n = 1$ 时，由 $m > 4$ 得知 $k \geqslant 3$，重复上述过程 $k - 3$ 次，可推出 $\tan(\pi/8)$ 是有理数．但 $\tan(\pi/8) = \sqrt{2} - 1$，我们也得到矛盾．于是完成证明．

§7.2 注意下例涉及二次代数无理数，使用的方法与前面有不同特点．

例 7.9 用 $\sqrt{a}$ 表示正数 a 的算术根．证明：

(1) 设 $a, b > 0$ 是有理数．若 $\sqrt{a} + \sqrt{b}$ 是有理数，则 $\sqrt{a}, \sqrt{b}$ 是有理数．

(2) 设 a, b, c 是正有理数．若 $\sqrt{a} + \sqrt{b} + \sqrt{c}$ 是有理数，则 $\sqrt{a}, \sqrt{b}, \sqrt{c}$ 也是有理数．

(3) 如果 $a_1, a_2, \cdots, a_n > 0$ 是有理数，并且

$$\sqrt{a_1} + \sqrt{a_2} + \cdots + \sqrt{a_n}$$

也是有理数，那么 $\sqrt{a_1}, \sqrt{a_2}, \cdots, \sqrt{a_n}$ 都是有理数．

证 (1) **证法 1** 因为 $\sqrt{a} + \sqrt{b}$ 是有理数，所以

$$\sqrt{a} - \sqrt{b} = \frac{a - b}{\sqrt{a} + \sqrt{b}}$$

也是有理数,于是

$$\sqrt{a} = \frac{\sqrt{a} + \sqrt{b}}{2} + \frac{\sqrt{a} - \sqrt{b}}{2}$$

以及

$$\sqrt{b} = \frac{\sqrt{a} + \sqrt{b}}{2} - \frac{\sqrt{a} - \sqrt{b}}{2}$$

都是有理数.

证法2 命题等价于:若 $\sqrt{a}$, $\sqrt{b}$ 中至少有一个无理数,则 $\sqrt{a} + \sqrt{b}$ 也是无理数.

若 $\sqrt{a}$, $\sqrt{b}$ 中只有一个无理数,则显然 $\sqrt{a} + \sqrt{b}$ 是无理数.现在设 $\sqrt{a}$, $\sqrt{b}$ 都是无理数,要证 $\sqrt{a} + \sqrt{b}$ 是无理数.用反证法.设 $\sqrt{a} + \sqrt{b} = r$ 是有理数,因为 $\sqrt{a}$, $\sqrt{b} > 0$,所以 $r \neq 0$.将 $\sqrt{a} = r - \sqrt{b}$ 两边平方得到

$$a = r^2 - 2r\sqrt{b} + b,$$

由此解出

$$\sqrt{b} = \frac{b - a + r^2}{2r}.$$

因为题设 $\sqrt{b}$ 是无理数,我们得到矛盾.

(2) **证法1** 设 $\sqrt{a} + \sqrt{b} + \sqrt{c} = w$,按题设,$w > 0$,并且是有理数.于是

$$\sqrt{a} + \sqrt{b} = w - \sqrt{c}.$$

两边平方得到

$$a + b + 2\sqrt{ab} = w^2 - 2w\sqrt{c} + c,$$

从而

$$2\sqrt{ab} = w^2 + c - a - b - 2w\sqrt{c}.$$

若$w^2 + c - a - b = 0$,则$2\sqrt{ab} = -2w\sqrt{c}$,于是$\sqrt{ab} = -w\sqrt{c}$,依题设及$w > 0$可知$\sqrt{ab} < 0$,此不可能.因此$w^2 + c - a - b \neq 0$.将前式两边平方并整理,得到

$$4w(w^2 + c - a - b)\sqrt{c} = (w^2 + c - a - b)^2 + 4w^2 c - 4ab.$$

因为$w(w^2 + c - a - b) \neq 0$,我们得到

$$\sqrt{c} = \frac{(w^2 + c - a - b)^2 + 4w^2 c - 4ab}{4w(w^2 + c - a - b)} \in \mathbb{Q}.$$

注意题中命题关于a, b, c是对称的,所以也有$\sqrt{a} \in \mathbb{Q}, \sqrt{b} \in \mathbb{Q}$.

证法2 只需证明命题:设$a_1, a_2, a_3 > 0$是有理数.若$\sqrt{a_1}, \sqrt{a_2}, \sqrt{a_3}$中至少有一个是无理数,则$\sqrt{a_1} + \sqrt{a_2} + \sqrt{a_3}$也是无理数.

若$\sqrt{a_1}, \sqrt{a_2}, \sqrt{a_3}$中恰有一个无理数,则显然$\sqrt{a_1} + \sqrt{a_2} + \sqrt{a_3}$是无理数;若$\sqrt{a_1}, \sqrt{a_2}, \sqrt{a_3}$中恰有两个无理数,比如,$\sqrt{a_1}, \sqrt{a_2}$是无理数,而$\sqrt{a_3}$是有理数,那么由本题(1)可知$\sqrt{a_1} + \sqrt{a_2}$是无理数,于是$\sqrt{a_1} + \sqrt{a_2} + \sqrt{a_3}$是无理数.下面设$\sqrt{a_1}, \sqrt{a_2}, \sqrt{a_3}$都是无理数,要证$\sqrt{a_1} + \sqrt{a_2} + \sqrt{a_3}$是无理数.

用反证法.设$\sqrt{a_1} + \sqrt{a_2} + \sqrt{a_3} = r$是有理数.由题设可知$r > 0$.将$\sqrt{a_1} + \sqrt{a_2} = r - \sqrt{a_3}$两边平方得到

$$a_1 + 2\sqrt{a_1 a_2} + a_2 = r^2 - 2r\sqrt{a_3} + a_3,$$

于是

$$2\sqrt{a_1a_2} = r^2 + a_3 - a_1 - a_2 - 2r\sqrt{a_3}. \quad (4)$$

再次两边平方,得到

$$4a_1a_2 = (r^2 + a_3 - a_1 - a_2)^2 + \\ 4r^2a_3 - 2r(r^2 + a_3 - a_1 - a_2)\sqrt{a_3}.$$

因为$\sqrt{a_3}$是无理数,所以必然$r^2 + a_3 - a_1 - a_2 = 0$.由此及式(4)推出

$$\sqrt{a_1a_2} = -r\sqrt{a_3}.$$

但等式两边有不同的符号,我们得到矛盾.

(3) 由于题中的命题关于$a_1, \cdots, a_n$对称,所以只需证明$\sqrt{a_1}$是有理数.

(i) 记$y = \sqrt{a_1} + \sqrt{a_2} + \cdots + \sqrt{a_n}, x_i = \sqrt{a_i}(i = 1, \cdots, n)$.令

$$f(y; x_1, \cdots, x_n) \\ = \prod_{\epsilon_2, \cdots, \epsilon_n = \pm 1} (y - x_1 + \epsilon_2 x_2 + \epsilon_3 x_3 + \cdots + \epsilon_n x_n).$$

右边是2^{n-1}个线性因子之积,其中因子$y - x_1 + x_2 + \cdots$与因子$y + x_1 + x_2 + \cdots$ (此处两个"$\cdots$"表示的式子完全相同)成对地出现,因此展开后可以发现,对于奇数k,形式为$(-x_2)^k \cdot U$与形式为$x_2^k \cdot U$的项是成对出现的,因此化简后不出现含x_2的奇数次幂的项;对于$x_3, \cdots, x_n$也有相同现象.于

51

是,展开后我们得到$y, x_1, x_2^2, x_3^2, \cdots, x_n^2$的整系数多项式,将其中含$x_1$的偶次幂项之和记为

$$g(y, x_1^2, \cdots, x_n^2),$$

含x_1的奇次幂项之和记为$x_1 h(y, x_1^2, \cdots, x_n^2)$,则有

$$f(y; x_1, \cdots, x_n)$$
$$= g(y, x_1^2, \cdots, x_n^2) - x_1 h(y, x_1^2, \cdots, x_n^2). \quad (5)$$

因为$f(y; x_1, \cdots, x_n)$有一个因子

$$y - x_1 - x_2 - \cdots - x_n = 0,$$

所以

$$f(y; x_1, \cdots, x_n) = 0. \quad (6)$$

于是

$$g(y, x_1^2, \cdots, x_n^2) - x_1 h(y, x_1^2, \cdots, x_n^2) = 0. \quad (7)$$

(ii) 我们现在证明$h(y, x_1^2, \cdots, x_n^2) \neq 0$.应用等式(5)可知

$$f(y; x_1, x_2, \cdots, x_n) - f(y; -x_1, x_2, \cdots, x_n)$$
$$= -2x_1 h(y, x_1^2, \cdots, x_n^2),$$

由此及等式(6)得到

$$f(y; -x_1, x_2, \cdots, x_n) = 2x_1 h(y, x_1^2, \cdots, x_n^2).$$

注意

$$f(y; -x_1, x_2, \cdots, x_n)$$
$$= \prod_{\epsilon_2, \cdots, \epsilon_n = \pm 1} (y + x_1 + \epsilon_2 x_2 + \epsilon_3 x_3 + \cdots + \epsilon_n x_n),$$

右边每个因子

$$y + x_1 + \epsilon_2 x_2 + \epsilon_3 x_3 + \cdots + \epsilon_n x_n$$
$$= (x_1 + x_2 + \cdots + x_n) + x_1 + \epsilon_2 x_2 +$$
$$\epsilon_3 x_3 + \cdots + \epsilon_n x_n$$
$$= 2x_1 + (1 + \epsilon_2)x_2 + \cdots + (1 + \epsilon_n)x_n \geqslant 2x_1 > 0,$$

所以 $h(y, x_1^2, \cdots, x_n^2) \neq 0$.

(iii) 由 $h(y, x_1^2, \cdots, x_n^2) \neq 0$ 及等式 (7) 得到

$$x_1 = \frac{g(y, x_1^2, \cdots, x_n^2)}{h(y, x_1^2, \cdots, x_n^2)},$$

这里分子和分母是两个有理数,所以 $x_1 = \sqrt{a_1}$ 确实是有理数.

第 8 章　用点微积分：e和π的无理性

§8.1　虽然应用初等数学知识可以证明一些数的无理性,但由于初等数学本身的局限性,不可能使我们走得有多远.微积分在数的无理性证明中起着重要作用,特别,它是证明基本初等函数在有理点上的值的无理性的基本工具.本章的主题是应用微积分知识证明e 和π的无理性(注意,我们以后将证明这两个数都是非代数无理数).

首先给出e的无理性的两个分析证明.

1.　J.Fourier的证明

用反证法.设e是有理数,那么它可表示为$e = a/b$,其中a,b是互素正整数.我们任意取定一个正整数$k > \max\{1,b\}$,并令

$$e_k = \sum_{n=0}^{k} \frac{1}{n!}.$$

记

$$\alpha = k!(e - e_k) = k!(a/b - e_k).$$

因为$b \mid k!$,所以α是一个整数;但同时有

$$
\begin{aligned}
0 \;<\; \alpha &= k!(e - e_k) \\
&= k! \sum_{n=k+1}^{\infty} \frac{1}{n!} = \sum_{n=1}^{\infty} \frac{1}{(k+1)\cdots(k+n)} \\
&< \sum_{n=1}^{\infty} \frac{1}{(k+1)^n} < \frac{1/(k+1)}{1 - 1/(k+1)} \\
&= \frac{1}{k} < 1.
\end{aligned}
$$

于是得到矛盾.　　　　　　　　□

2. J.Sondow的证明

归纳地定义一个闭区间的无穷序列:令区间 $I_1 = [2,3]$.然后将I_1二等分,取其中(由左向右数)第2个等份所形成的闭区间作为I_2,亦即

$$I_2 = [5/2!, 6/2!].$$

同样地,将I_2三等分,取其第2个等份形成区间$I_3 = [16/3!, 17/3!]$.类似地,得到$I_4 = [65/4!, 66/4!]$.一般地,若$I_{n-1}\,(n \geqslant 2)$已被构造,则将它n等分, 取其第2个等份来形成闭区间I_n.于是所有I_n 的交

$$\bigcap_{n=1}^{\infty} I_n = \{e\},$$

其中

$$e = 1 + \lim_{N \to \infty} \sum_{n=1}^{N} \frac{1}{n!} = \sum_{n=0}^{\infty} \frac{1}{n!}.$$

当$n>1$时,区间I_{n+1}严格地落在I_n的两个端点$a/n!$和$(a+1)/n!$之间,其中$a = a(n)$ 是某个正整数.因为点 $a/n!$ 和 $(a+1)/n!$ 之间不可能含有任何形如 $t/n!$(其中t 为某个正整数) 的点,所以所有I_n的交不可能是分母为$n!$的分数(此处$n \geqslant 1$是任意整数).因为任何一个有理数$p/q\,(q > 0)$可以写成

$$\frac{p}{q} = \frac{p \cdot (q-1)1}{q!}$$

的形式,所以e不可能是有理数.　　　□

55

上面Fourier的证法还可以用来证明e不是二次无理数.

用反证法.设

$$ae^2 + be + c = 0 \quad (a, b, c \in \mathbb{Z}, a \neq 0),$$

那么

$$ae + b + ce^{-1} = 0.$$

我们还要应用公式

$$e^{-1} = \sum_{n=0}^{\infty} (-1)^n \frac{1}{n!}.$$

设e_k同上,还令

$$f_k = \sum_{n=0}^{k} (-1)^n \frac{1}{n!}.$$

于是

$$A_k = k! e_k \in \mathbb{Z}, \quad C_k = k! f_k \in \mathbb{Z}.$$

上面已证

$$k! \, e - A_k = O(k^{-1}),$$

类似地,可证

$$k! \, e^{-1} - C_k = O(k^{-1}).$$

于是

$$a(k! \, e - A_k) + c(k! \, e^{-1} - C_k) = O(k^{-1}),$$

从而

$$k!(ae + b + ce^{-1}) - (aA_k + bk! + cC_k) = O(k^{-1}).$$

因为由假设,$ae + b + ce^{-1} = 0$,所以有

$$d_k = aA_k + bk! + cC_k = O(k^{-1}).$$

注意d_k是一个整数,为了推出矛盾,我们只需证明存在无穷多个下标k,使得$d_k \neq 0$. 为此我们来证明

$$d_{k+2} - (k+2)(d_{k+1} + d_k) = 2a(\neq 0). \quad (1)$$

(由此可知,对于每个k,三个整数d_{k+2}, d_{k+1}, d_k中至少有一个非零).上式左边等于

$$\big(A_{k+2} - (k+1)A_{k+1} - (k+1)A_k\big) \cdot a +$$
$$\big((k+2)! - (k+1)(k+1)! - (k+1)k!\big) \cdot b +$$
$$\big(C_{k+2} - (k+1)C_{k+1} - (k+1)C_k\big) \cdot c,$$

其中a的系数等于

$$A_{k+2} - (k+1)A_{k+1} - (k+1)A_k$$
$$= (k+2)!e_{k+2} - (k+1)(k+1)!e_{k+1} -$$
$$\quad (k+1)k!\, e_k$$
$$= (k+2)! \left(\frac{1}{(k+2)!} + \frac{1}{(k+1)!} + e_k \right) -$$
$$\quad (k+1)(k+1)! \left(\frac{1}{(k+1)!} + e_k \right) - (k+1)k!e_k$$
$$= \frac{(k+2)!}{(k+2)!} + \frac{(k+2)!}{(k+1)!} - \frac{(k+1)(k+1)!}{(k+1)!} +$$
$$\quad \big((k+2)! - (k+1)(k+1)! -$$
$$\quad (k+1)k!\big)e_k = 2;$$

57

b的系数等于

$$(k+2)! - (k+1)(k+1)! - (k+1)k! = 0;$$

c的系数等于

$$
\begin{aligned}
& C_{k+2} - (k+1)C_{k+1} - (k+1)C_k \\
= {} & (k+2)!f_{k+2} - (k+1)(k+1)!f_{k+1} - \\
& (k+1)k!\,f_k \\
= {} & (k+2)!\left(\frac{(-1)^{k+2}}{(k+2)!} + \frac{(-1)^{k+1}}{(k+1)!} + f_k\right) - \\
& (k+1)(k+1)!\left(\frac{(-1)^{k+1}}{(k+1)!} + f_k\right) - \\
& (k+1)k!f_k \\
= {} & \left((k+2)!\frac{(-1)^{k+2}}{(k+2)!} + (k+2)!\frac{(-1)^{k+1}}{(k+1)!} - \right. \\
& \left. (k+1)(k+1)!\frac{(-1)^{k+1}}{(k+1)!}\right) + \\
& \left((k+2)! - (k+1)(k+1)! - (k+1)k!\right)f_k = 0.
\end{aligned}
$$

于是式(1)成立,从而完成证明.

§8.2 现在证明下列的一般性结果:

定理8.1 对于每个非零有理数r, e^r是无理数.

证 设$r = h/g$(h, g是整数).若e^r是有理数,则$e^{rg} = e^h$ 也是有理数;而当e^h是有理数时, e^{-h}也是有理数.因此只用对正整数h证明e^h是无理数.设不然,则有$e^h = a/b$(其中a, b为正整数),我们来导出矛盾.

首先考虑多项式

$$f(x) = \frac{x^n(1-x)^n}{n!},$$

其中n是正整数,它是一个$2n$次多项式,可表示为

$$f(x) = \frac{1}{n!}(c_n x^n + c_{n+1} x^{n+1} + \cdots + c_{2n} x^{2n}), \quad (2)$$

其中系数c_j是整数.当$0 < x < 1$时,

$$0 < x(1-x) < 1,$$

所以

$$0 < f(x) < \frac{1}{n!} \quad (\text{当}0 < x < 1\text{时}). \quad (3)$$

由式(2)算出

$$f(0) = 0, \quad f^{(m)}(0) = 0 \quad (\text{当}m < n\text{或}m > 2n\text{时}),$$

并且

$$f^{(m)}(0) = \frac{m!}{n!}c_m \quad (\text{当}n \leqslant m \leqslant 2n\text{时}).$$

因此$f(x)$及其各阶导数在$x = 0$都取整数值.同样由$f(x)$的定义可得

$$f(1) = 0, \quad f^{(m)}(1) = 0 \quad (\text{当}m < n\text{或}m > 2n\text{时});$$

并且若将$f(x)$的表达式改写为

$$f(x) = \frac{\big(1-(1-x)\big)^n(1-x)^n}{n!},$$

59

则有

$$f(x) = \frac{1}{n!}\big(d_n(1-x)^n + d_{n+1}(1-x)^{n+1} + \cdots + d_{2n}(1-x)^{2n}\big),$$

其中系数d_j是整数,那么可类似地推出$f(x)$及其各阶导数在$x=1$也都取整数值.

其次,应用$f(x)$作辅助函数

$$F_n(x) = h^{2n}f(x) - h^{2n-1}f'(x) + \cdots - hf^{(2n-1)}(x) + f^{(2n)}(x).$$

因为$f^{(m)}(0)$和$f^{(m)}(1)$都是整数,所以$F_n(0)$和$F_n(1)$也都是整数. 注意$f^{(2n+1)}(x) = 0$,我们算出

$$\big(\mathrm{e}^{hx}F_n(x)\big)' = h^{2n+1}\mathrm{e}^{hx}f(x),$$

于是

$$
\begin{aligned}
b\int_0^1 h^{2n+1}\mathrm{e}^{hx}f(x)\mathrm{d}x &= b\cdot\big(\mathrm{e}^{hx}F_n(x)\big)\Big|_{x=0}^{x=1} \\
&= aF_n(1) - bF_n(0), \qquad (4)
\end{aligned}
$$

另一方面,由式(3)可知

$$0 < h^{2n+1}\mathrm{e}^{hx}f(x) < \frac{1}{n!}h^{2n+1}\mathrm{e}^{hx} \quad (0 < x < 1),$$

因此当n充分大时,

$$
\begin{aligned}
0 &< b\int_0^1 h^{2n+1}\mathrm{e}^{hx}f(x)\mathrm{d}x \\
&< b\int_0^1 \frac{1}{n!}h^{2n+1}\mathrm{e}^{hx}\mathrm{d}x \\
&= \frac{b}{n!}h^{2n+1}\cdot\frac{1}{h}\cdot\mathrm{e}^{hx}\Big|_{x=0}^{x=1} \\
&< \frac{1}{n!}bh^{2n}\mathrm{e}^h < 1.
\end{aligned}
$$

因为式(4)是一个整数,所以得到矛盾.　　　　□

考虑e^r的反函数,定理8.1有下列显然的推论:

推论　若$r > 0$为有理数,则自然对数$\log r$是无理数.

§8.3　上面定理的证法是后人根据1873年 C.Hermite提出的一种方法给出的. 它还可用来证明下列的:

定理8.2　数π是无理数.

证　如果π是有理数, 那么π^2也是有理数,于是只用证明π^2是无理数.设不然,令$\pi^2 = a/b$,其中a, b是正整数,我们下面将得到矛盾.

设$f(x)$如上(即同定理8.1的证明),作辅助函数

$$G_n(x) = b^n\big(\pi^{2n}f(x) - \pi^{2n-2}f''(x) + \pi^{2n-4}f^{(4)}(x) - \cdots + (-1)^n f^{(2n)}(x)\big),$$

那么$G_n(0)$和$G_n(1)$都是整数.因为

$$\big(G_n'(x)\sin\pi x - \pi G_n(x)\cos\pi x\big)'$$
$$= \big(G_n''(x) + \pi^2 G_n(x)\big)\sin\pi x,$$

以及$G_n''(x) + \pi^2 G_n(x) = b^n\pi^{2n+2}f(x)$,所以

$$\big(G_n'(x)\sin\pi x - \pi G_n(x)\cos\pi x\big)'$$
$$= b^n\left(\frac{a}{b}\right)^{2n+2} f(x)\sin\pi x$$
$$= \pi^2 a^n(\sin\pi x)f(x),$$

于是

$$\pi^2 \int_0^1 a^n(\sin \pi x)f(x)\mathrm{d}x$$

$$= \left(G'_n(x)\sin \pi x - \pi G_n(x)\cos \pi x\right)\Big|_{x=0}^{x=1}$$

$$= \pi(G_n(1) + G_n(0)).$$

另一方面,由式(3)易得

$$0 < \pi^2 \int_0^1 a^n(\sin \pi x)f(x)\mathrm{d}x < \frac{\pi^2 a^n}{n!},$$

从而

$$0 < G_n(1) + G_n(0) < \frac{\pi a^n}{n!}.$$

因为$G_n(1) + G_n(0)$是整数,当n足够大时,这不可能. □

§8.4 上述方法的变体可用来证明三角函数在有理点上的值的无理性.

例8.1 对于每个非零有理数r, $\cos r$是无理数.

证 因为

$$\cos(-r) = \cos r,$$

所以我们可设$r = a/b$,其中a, b 是正整数.

首先考虑多项式

$$f(x) = \frac{x^{p-1}(a - bx)^{2p}(2a - bx)^{p-1}}{(p-1)!}$$

$$= \frac{(r - x)^{2p}\left(r^2 - (r - x)^2\right)^{p-1}b^{3p-1}}{(p-1)!},$$

62

其中p是一个充分大的(奇)素数(将在后文取定),那么易见

$$0 < f(x) < \frac{r^{2p}(r^2)^{p-1}b^{3p-1}}{(p-1)!}$$
$$= \frac{r^{4p-2}b^{3p-1}}{(p-1)!} \quad (\text{当}0 < x < r\text{时}). \tag{5}$$

并且直接计算可知$f^{(j)}(0)(j \geqslant 0)$都是整数(包括取值0);当$j \neq p-1$时,$f^{(j)}(0)$都是$p$的倍数,而当$j = p-1$时,

$$f^{(p-1)}(0) = a^{2p}(2a)^{p-1} = 2^{p-1}a^{3p-1}. \tag{6}$$

还要注意

$$
\begin{aligned}
f_1(x) &= f(r-x) \\
&= \frac{x^{2p}(r^2-x^2)^{p-1}b^{3p-1}}{(p-1)!} \\
&= \frac{x^{2p}(a^2-b^2x^2)^{p-1}b^{p+1}}{(p-1)!},
\end{aligned}
$$

由此可以推出对于每个$j \geqslant 0$,

$$f^{(j)}(r) = (-1)^j f_1^{(j)}(0)$$

都是p的倍数.

其次,我们作辅助函数

$$
\begin{aligned}
F(x) &= f(x) - f^{(2)}(x) + f^{(4)}(x) - f^{(6)}(x) + \cdots - \\
& \quad f^{(4p-2)}(x).
\end{aligned}
$$

因为$f(x)$是$(x-r)^2$的多项式,所以得知

$$F'(r) = 0, \tag{7}$$

且依上述$f(x)$的性质可知

$$p \mid F(r). \tag{8}$$

现在我们取$p > a$,并注意式(6),除$f^{(p-1)}(0)$外,$F(0)$的各项都是p的倍数,从而

$$p \nmid F(0) \quad (\text{当}p > a\text{时}). \tag{9}$$

另外,注意$f^{(4p)}(x) = 0$,我们算出

$$\begin{aligned}
&\big(F'(x)\sin x - F(x)\cos x\big)' \\
&= F''(x)\sin x + F(x)\sin x \\
&= f(x)\sin x,
\end{aligned}$$

所以(注意式(7))

$$\begin{aligned}
&\int_0^r f(x)\sin x \mathrm{d}x \\
&= F'(r)\sin r - F(r)\cos r + F(0) \\
&= -F(r)\cos r + F(0).
\end{aligned}$$

最后,设$\cos r = u/v$是一个有理数(u, v是整数,$v > 0$),由上式得

$$v\int_0^r f(x)\sin x \mathrm{d}x = -uF(r) + vF(0). \tag{10}$$

取$p > \max\{a, v\}$,则$p \nmid v$,于是由式(8)和(9)知式(10)右边是一个非零整数.但依式(5),当p充分大时式

(10) 左边式子的绝对值

$$\left| v \int_0^r f(x) \sin x \mathrm{d}x \right|$$

$$< vr \cdot \frac{r^{4p-2}b^{3p-1}}{(p-1)!}$$

$$= \frac{(vr^3b^2)(r^4b^3)^{p-1}}{(p-1)!} < 1,$$

于是得矛盾,从而$\cos r$的确是一个无理数.

由例8.1并应用公式

$$\sin^2 r = \frac{1 - \cos 2r}{2},$$

$$\cos 2r = \frac{1 - \tan^2 r}{1 + \tan^2 r},$$

即可推出$\sin^2 r, \tan^2 r\ (r \in \mathbb{Q}, r \neq 0)$都是无理数.由此不难得到:

定理8.3 所有三角函数在非零有理数上的值都是无理数.

我们由此可以推导出关于反三角函数在有理点上的值的无理性结果.

65

第9章 巧用抽屉原理:无理性充要条件

§9.1 无理数可表示为无限不循环小数,在数值计算中只能用适当的有限小数近似地代替它.例如$\sqrt{2}$,通过开方可得它的一串近似值

$$1, 1.4, 1.41, 1.414, 1.414\,2, \cdots, \tag{1}$$

其精准度越来越高,也就是说,近似值与$\sqrt{2}$(的精确值)之间的误差越来越小.这就是用(1)中的一串有理数来逼近无理数$\sqrt{2}$的过程.又例如寻求圆周率π的不同的近似值,也是用一串有理数来逼近无理数π的过程.

一般地,设θ是一个实数,我们考虑所有分母为q(正整数)的有理数,那么θ必位于两个分母为q的有理数之间,即存在整数a使得

$$\frac{a}{q} \leqslant \theta < \frac{a+1}{q}.$$

取p/q是两个端点$a/q, (a+1)/q$中离θ最近的一个,那么这个数与θ的距离不会超过两端点间的距离的一半,于是得到

$$\left| \theta - \frac{p}{q} \right| \leqslant \frac{1}{2q}.$$

因此,用p/q作为θ的近似值,误差不会大于$1/(2q)$.这个结果可以改进,为此要应用所谓"抽屉原理":

将$n+1$个物品分放在n个抽屉中,至少有一个抽屉中有两个或两个以上的物品.

这几乎是不言而喻的事!但在数学中能派大用场.它在数学中通常有下列三种形式出现:

1. $n + 1$ 个元素分成 n 组,必有一组包含至少两个元素;

2. m 个元素分成 n 组 $(m > n$ 是正整数),必有一组包含至少 $[(m - 1)/n] + 1$ 个元素;

3. 无限多个元素分成有限组,必有一组包含无限多个元素.

应用这个原理,通常能得到"存在性"结果. P.G.L.Dirichlet 于1842年证明了下列的:

定理 9.1 (Dirichlet逼近定理) 设 θ 是一个实数,$Q > 1$ 是任意给定的实数,那么存在整数 p, q 满足

$$1 \leqslant q < Q, \tag{2}$$

$$\left| \theta - \frac{p}{q} \right| \leqslant \frac{1}{Qq}. \tag{3}$$

证 先设 Q 是整数.将 $[0, 1]$ 等分为 Q 个子区间

$$\left[0, \frac{1}{Q}\right), \left[\frac{1}{Q}, \frac{2}{Q}\right), \cdots, \left[\frac{Q - 2}{Q}, \frac{Q - 1}{Q}\right), \left[\frac{Q - 1}{Q}, 1\right]. \tag{4}$$

由抽屉原理,$Q + 1$ 个实数 $0, \{\theta\}, \{2\theta\}, \cdots, \{(Q - 1)\theta\}, 1$ 中至少有两个落在 (4) 中的同一个子区间中.这两个数可能是 $\{r_1\theta\}$ 和 $\{r_2\theta\}$,其中

$$r_1, r_2 \in \{0, 1, \cdots, Q - 1\}$$

且互异;也可能是$\{r_1\theta\}$和1,其中

$$r_1 \in \{0, 1, \cdots, Q-1\}.$$

因为

$$\{r_i\theta\} = r_i\theta - [r_i\theta], 1 = 0 \cdot \theta + 1,$$

所以存在整数

$$r_1, r_2 \in \{0, 1, \cdots, Q-1\}$$

及整数s_1, s_2使得

$$|(r_1\theta - s_1) - (r_2\theta - s_2)| \leqslant \frac{1}{Q}$$

($1/Q$是子区间的长).不妨认为$r_1 > r_2$,令

$$q = r_1 - r_2, p = s_1 - s_2,$$

即得式(2)和(3).

现设Q不是整数.将上面所得结果应用于整数$Q' = [Q] + 1$,可知存在整数p, q满足

$$1 \leqslant q < Q', \tag{5}$$

$$\left|\theta - \frac{p}{q}\right| \leqslant \frac{1}{Q'q}. \tag{6}$$

因为q是整数,所以可由式 (5) 推出式 (2);又因为$Q' > Q$,所以由式(6)推出式(3). $\qquad\square$

注9.1 如果式(2)和式(3)中p, q不互素,那么

$$\frac{p}{q} = \frac{p'}{q'},$$

68

其中 p', q' 互素, $q' < q$, 于是

$$1 \leqslant q' < Q, \quad \left| \theta - \frac{p'}{q'} \right| \leqslant \frac{1}{Qq} < \frac{1}{Qq'}.$$

因此,在定理9.1中可认为 p, q 互素.

注 9.2 式(3)中的不等号 "$\leqslant$" 不能换为 "$<$",因为当 $\theta = 1/Q, Q$ 为整数时,对于所有 $q, 1 \leqslant q < Q$,都有

$$\left| \theta - \frac{1}{q} \right| \geqslant \frac{1}{Qq}.$$

§9.2 下面继续我们的讨论.取一个无穷实数列 $Q_n (n = 1, 2, \cdots)$ 满足

$$1 < Q_1 < Q_2 < \cdots < Q_n < \cdots,$$

那么对于每个 Q_i 存在互素整数对 (p_i, q_i) 满足不等式

$$1 \leqslant q_i < Q_i, \quad \left| \theta - \frac{p_i}{q_i} \right| \leqslant \frac{1}{q_i Q_i} < \frac{1}{q_i^2} \quad (i = 1, 2, \cdots).$$

我们来证明:如果 θ 是无理数,那么存在无穷多个不同的互素整数对 (p_i, q_i) 满足上面的不等式.若不然,则存在整数对 (p_0, q_0) 对无穷多个 Q_i 满足不等式

$$1 \leqslant q_0 < Q_i, \quad \left| \theta - \frac{p_0}{q_0} \right| \leqslant \frac{1}{q_0 Q_i} \leqslant \frac{1}{Q_i}.$$

若令 $Q_i \to \infty$,则得 $\theta = p_0/q_0$.这与假设矛盾.因此,对于无理数 θ,存在无穷多对不同的互素整数

p, q满足不等式

$$\left|\theta - \frac{p}{q}\right| < \frac{1}{q^2}. \tag{7}$$

我们还可证明:如果$\theta = a/b(b > 0)$是有理数,那么上述结论不再成立. 设 p, q 是互素整数,

$$p/q \neq a/b,$$

且式(7)成立.于是

$$\frac{1}{q^2} > \left|\theta - \frac{p}{q}\right| = \left|\frac{a}{b} - \frac{p}{q}\right| = \frac{|bp - aq|}{bq}.$$

由$p/q \neq a/b$可知$|bp - aq|$是非零整数,因而

$$\frac{1}{q^2} > \frac{1}{bq},$$

或$q < b$. 此外,由式(7)可知

$$\left|\frac{p}{q}\right| < \frac{1}{q^2} + |\theta|, \quad |p| < q\left(\frac{1}{q^2} + |\theta|\right) < b(1 + |\theta|).$$

可见满足式(7)的互素整数对p, q的个数是有限的.

综上所述,我们得到:

定理 9.2 实数θ是无理数,当且仅当不等式(7)有无穷多对(互素) 整数解$p, q(q > 0)$.

这个定理用来判断实数的无理性,它有下列更便于应用的变体:

定理 9.3 (实数无理性的判别准则) 实数θ是无理数的充分必要条件是:对于每个$\varepsilon > 0$可找到整数x和y满足不等式

$$0 < |\theta x - y| < \varepsilon.$$

70

证 如果θ是无理数,那么由定理9.2,存在无穷多个分数$p_n/q_n, q_n$ 严格单调上升,且满足式(7). 注意

$$\theta - p_n/q_n \neq 0,$$

我们有

$$0 < \left|\theta - \frac{p_n}{q_n}\right| < \frac{1}{q_n^2}. \tag{8}$$

对于每个给定的$\varepsilon > 0$ 可取n使得$q_n > 1/\varepsilon$.由式(8)得

$$0 < |q_n\theta - p_n| < \frac{1}{q_n}.$$

因此

$$x = q_n, y = p_n$$

满足

$$0 < |\theta x - y| < \varepsilon.$$

反过来,如果$\theta = a/b(b > 0)$是有理数,并且对于每个$\varepsilon > 0$可找到整数x和y满足不等式

$$0 < |\theta x - y| < \varepsilon,$$

那么特别取$\varepsilon = 1/b$,可得

$$0 < \left|\frac{a}{b}x - y\right| < \frac{1}{b},$$

于是

$$0 < |ax - by| < 1,$$

但$|ax - by|$是一个整数,故得矛盾.于是定理得证.

$\square$

这个定理有下列一些推论,其中第一个是显然的.

推论1 设 θ 是一个实数.如果存在常数 $C > 0$ 和实数 $\delta > 0$,以及无穷有理数列 $p_n/q_n(n \geqslant n_0)$ 满足

$$0 < \left|\theta - \frac{p_n}{q_n}\right| < \frac{C}{q_n^{1+\delta}} \quad (n \geqslant n_0),$$

那么 θ 是无理数.

推论2 设 θ 是一个实数.如果存在无穷多对整数 $(p_n, q_n)(n = 1, 2, \cdots)$ 使得当 $n \geqslant n_0$ 时

$$q_n\theta - p_n \neq 0,$$

而且

$$q_n\theta - p_n \to 0 \quad (n \to \infty),$$

那么 θ 是无理数.

证 设 θ 是有理数,d 是它的分母,那么当 $n \geqslant n_0$ 时,$d(q_n\theta - p_n)$ 是非零整数,但同时

$$d(q_n\theta - p_n) \to 0 \quad (n \to \infty),$$

这不可能. □

推论2可以扩充为下列的:

推论3 设 $s \geqslant 1, \theta_1, \cdots, \theta_s$ 是 s 个实数. 如果存在无穷多个整数组

$$(\lambda_{0,n}, \lambda_{1,n}, \cdots, \lambda_{s,n}) \quad (n = 1, 2, \cdots),$$

使得当$n \geqslant n_0$时

$$l_n = \lambda_{0,n} + \lambda_{1,n}\theta_1 + \cdots + \lambda_{s,n}\theta_s \neq 0,$$

而且$l_n \to 0\,(n \to \infty)$,那么$\theta_1, \cdots, \theta_s$中至少有一个无理数.

证 设θ_j都是有理数,d是$\theta_1, \cdots, \theta_s$的一个公分母,那么$dl_n\,(n \geqslant n_0)$都是非零整数,但同时$dl_n \to 0\,(n \to \infty)$.我们得到矛盾. $\square$

§9.3 现在给出定理9.3的应用例子.

例9.1 证明:当实数$c > 2$时,级数

$$\sum_{k=0}^{\infty} \frac{1}{F_{[c^k]}}$$

的值是无理数(其中F_k是Fibonacci数).

证 记

$$\xi = \sum_{k=0}^{\infty} \frac{1}{F_{[c^k]}},$$
$$\xi_n = \sum_{k=0}^{n-1} \frac{1}{F_{[c^k]}} \quad (n \geqslant 1).$$

因为

$$F_n = \frac{\omega^n - \overline{\omega}^n}{\sqrt{5}} \quad (n \geqslant 0),$$

其中

$$\omega = \frac{1+\sqrt{5}}{2}, \overline{\omega} = \frac{1-\sqrt{5}}{2}$$

(见[12],p.148), 所以

$$\lim_{n\to\infty} \frac{F_n}{\omega^n} = \frac{1}{\sqrt{5}}.$$

于是存在常数 $c_1, c_2 > 0$(下文中 c_3 等也是与 n 无关的常数)使得

$$c_1\omega^n \leqslant F_n \leqslant c_2\omega^n. \tag{9}$$

由此推出

$$0 < \xi - \xi_n = \sum_{k=n}^{\infty} \frac{1}{F_{[c^k]}} \leqslant c_3\omega^{-[c^n]}.$$

记

$$\xi_n = \frac{p_n}{q_n},$$

其中 $p_n, q_n > 0$ 是互素整数. 显然

$$q_n \leqslant \prod_{k=0}^{n-1} F_{[c^k]} \leqslant c_2^n\omega^{[c^0]+[c]+\cdots+[c^{n-1}]}.$$

于是

$$
\begin{aligned}
0 \;<\; \xi - \frac{p_n}{q_n} &\leqslant c_3 \frac{\omega^{-[c^n]}}{q_n^{1+\delta}} \cdot q_n^{1+\delta} \\
&\leqslant \frac{c_3}{q_n^{1+\delta}} \cdot \omega^{-[c^n]} \cdot \left(c_2^n\omega^{[c^0]+[c]+\cdots+[c^{n-1}]} \right)^{1+\delta} \\
&= \frac{c_3}{q_n^{1+\delta}} \exp\left(-[c^n]\log\omega \left(1 - \frac{n(1+\delta)\log c_2}{[c^n]\log\omega} \right.\right. \\
&\qquad\qquad \left.\left. -(1+\delta)\frac{[c^0]+[c]+\cdots+[c^{n-1}]}{[c^n]} \right) \right) \\
&= \frac{c_3}{q_n^{1+\delta}} \exp\left((-[c^n]\log\omega)\Lambda_n \right) (\text{记}),
\end{aligned}
$$

74

其中$\delta > 0$待定.因为当$n \to \infty$时,

$$\frac{n(1+\delta)\log c_2}{[c^n]\log \omega} \to 0,$$

$$\frac{[c^0]+[c]+\cdots+[c^{n-1}]}{[c^n]}$$

$$= \frac{\dfrac{c^n-1}{c-1}+O(n)}{c^n+O(1)} \to \frac{1}{c-1},$$

所以,若取δ满足

$$0 < \delta < c-2,$$

则$\lim\limits_{n\to\infty}\Lambda_n$存在并且大于零.因此当$n \geqslant n_0$时,

$$\exp\left((-[c^n]\log\omega)\Lambda_n\right) < 1,$$

从而

$$0 < \xi - \frac{p_n}{q_n} < \frac{c_3}{q_n^{1+\delta}}.$$

于是,依定理9.3的推论1可知ξ是无理数.

注9.3 若$c = 2$,则可直接算出

$$\xi = \frac{7-\sqrt{5}}{2}$$

(见练习题9).

例9.2 设

$$\xi = \sum_{n=1}^{\infty}\frac{z_n}{g_1 g_2 \cdots g_n}, \tag{10}$$

其中$g_n(n \geqslant 1)$是一个无穷正整数列,满足条件

$$2 \leqslant g_1 \leqslant g_2 \leqslant \cdots \leqslant g_n \leqslant \cdots,$$

且包含无穷多个不同正整数,系数z_n互相独立地取$\{0,1\}$中的任一值,但有无穷多个n使$z_n = 1$,那么θ是一个无理数.

证 记$Q_N = g_1 g_2 \cdots g_N$,那么级数(10)的最初N项之和

$$\sum_{n=1}^{N} \frac{z_n}{g_1 g_2 \cdots g_n} = \frac{P_N}{Q_N}$$

(其中P_N是一个整数).于是

$$0 < \left| \theta - \frac{P_N}{Q_N} \right|$$

$$= \sum_{j=N+1}^{\infty} \frac{z_j}{g_1 g_2 \cdots g_j}$$

$$\leqslant \frac{1}{g_1 g_2 \cdots g_{N+1}} \left(1 + g_{N+2}^{-1} + (g_{N+2} g_{N+3})^{-1} + \cdots \right)$$

$$\leqslant \frac{1}{Q_N g_{N+1}} \sum_{j=0}^{\infty} g_{N+1}^{-j} = \frac{1}{Q_N (g_{N+1} - 1)},$$

于是得到

$$0 < |Q_N \theta - P_N| < \frac{1}{g_{N+1} - 1}.$$

由定理关于g_n的假设,对任何给定的$\varepsilon > 0$,取

$$g_{N+1} > 1 + 1/\varepsilon,$$

以及$x = Q_N, y = P_N$, 即得$0 < |x\theta - y| < \varepsilon$.因此由定理9.3得知$\theta$是无理数.

例9.2的一些特例:

1° 在式(10)中取$g_n = n, z_n = 1 (n \geqslant 1)$,即可得知$e - 1$是无理数,从而我们再次证明了$e$是无理数.

2° 由例9.2还可推出级数

$$\xi_1 = \sum_{n=1}^{\infty} \frac{1}{p_1 p_2 \cdots p_n},$$

$$\xi_2 = \sum_{n=1}^{\infty} \frac{1}{F_1 F_2 \cdots F_n}$$

都是无理数,其中$p_n (n \geqslant 1)$是任意的由素数组成的数列,且满足条件

$$p_1 < p_2 < \cdots < p_n < \cdots,$$

$F_n (n \geqslant 1)$是Fibonacci数列.

3° 在例9.2中取$g_j = 2^{2^{j-1}} (j \geqslant 1)$,可以推出下列级数是无理数:

$$\xi_3 = \sum_{j=0}^{\infty} 2^{-2^j}.$$

类似地,设$q \geqslant 2$是任意整数,取

$$g_j = q^{2j+1} \quad (j \geqslant 1),$$

由例9.2 可得知

$$\xi_4 = \sum_{j=0}^{\infty} q^{-j^2}$$

是无理数.

4° 设 $E_n(n \geqslant 0)$ 是 Euler 数,它有母函数

$$\frac{1}{\cosh x} = \frac{2\mathrm{e}^x}{\mathrm{e}^{2x}+1} = \sum_{k=0}^{\infty} E_k \frac{x^k}{k!}.$$

特别,对于 E_{2n} 有

$$\sec x = 1 - \frac{E_2}{2!}x^2 + \frac{E_4}{4!}x^4 - \frac{E_6}{6!}x^6 + \cdots \quad \left(|x| < \frac{\pi}{2}\right),$$

以及

$$E_{2n} + \binom{2n}{2n-2}E_{2n-2} + \binom{2n}{2n-4}E_{2n-4} + \cdots + \binom{2n}{2}E_2 + 1 = 0.$$

还有 $(-1)^n E_{2n} > 0$.由例 9.2 可知下列级数是无理数:

$$\xi_5 = \sum_{k=1}^{\infty} |E_2 E_4 \cdots E_{2k}|^{-1}.$$

注 9.4 例 9.2 的另一种证明请参见注 11.3.

§9.4 本节给出定理 9.3 的另一个应用 (见 [22]).

设 $d_n = \mathrm{lcm}(1, 2, \cdots, n)$(整数 $1, 2, \cdots, n$ 的最小公倍数).令

$$\xi = \sum_{k=1}^{\infty} \frac{1}{d_k}. \tag{11}$$

有些文献断言 ξ 是无理数,但看来没有给出证明.现在应用定理 9.3 证明这个结论.

令

$$\psi(x) = \sum_{p^s \leqslant x} \log x,$$

那么 $\psi(n) = \log d_n$. 因为 $\psi(x) \sim x \, (x \to \infty)$ (见[12]),
所以我们得到渐近公式

$$\log d_n \sim n \quad (n \to \infty). \tag{12}$$

由此容易证明级数(11)收敛. 又因为

$$d_n \,|\, d_{n+1} = [d_n, n+1],$$

所以

$$d_s \,|\, d_t \quad (\text{当} s \leqslant t \text{时}). \tag{13}$$

显然, 对于素数 p, 有

$$d_p = [d_{p-1}, p] = p d_{p-1}. \tag{14}$$

算出

$$d_1 = 1, \, d_2 = 2, \, d_3 = 3, \, d_4 = 12, \, d_5 = 60 = d_6,$$
$$d_7 = [d_6, 7] = 7 d_6 = 420, \, d_8 = 840,$$
$$d_9 = 2\,520 = d_{10},$$
$$d_{11} = [d_{10}, 11] = 11 d_{10} = 27\,720 = d_{12}, \cdots,$$

可见 $d_{n+1} \neq d_n$ 并不一般地成立. 对于每个正整
数 n, 令 $m(n)$ 是使得

$$d_n = d_{n+1} = \cdots = d_{n+m}$$

的最大整数 m. 那么 $m(n) \geqslant 0, d_{n+m(n)+1} \neq d_n$, 并
且 $n, \cdots, n+m(n)$ 的素因子都整除 d_n.

我们首先证明:

引理9.1 对于每个$n \geq 1, m(n)$存在并且有限,满足
$$m(n) = o(n) \quad (n \to \infty).$$
此外,有无穷多个$m(n) = 0$.当$m(n) \neq 0$时,$n + m(n) + 1$是素数,并且
$$d_{n+m(n)+1} = \left(n + m(n) + 1\right)d_n.$$

证 (i) 简记$m(n)=m$.若对于某个$n, m(n) = \infty$,则存在整数r使得$n + r + 1$等于某个素数p,于是由式(14)得到
$$d_{n+r} = d_{p-1} = \frac{d_p}{p} < d_p = d_{n+r+1},$$
得到矛盾.

(ii) 若$d_n = d_{n+m}$,则$\log d_n = \log d_{n+m}$,于是由式(12) (注意m有限)得到
$$1 = \frac{\log d_{n+m}}{\log d_n} \sim \frac{n+m}{n} = 1 + \frac{m}{n} \quad (n \to \infty),$$
因此$m/n \to 0(n \to \infty)$.

(iii) 因为$d_{n+m+1} \neq d_n, d_n \mid d_{n+m+1}$,所以由$\psi(x)$的定义可知
$$\sum_{n+m < p^s \leq n+m+1} \log p = \sum_{p^s \leq n+m+1} \log p - \sum_{p^s \leq n+m} \log p$$
$$= \psi(n+m+1) - \psi(n+m)$$
$$= \log \frac{d_{n+m+1}}{d_n} \geq \log 2 > 0,$$

可见$(n+m, n+m+1]$中含素数.因为区间长度$|(n+m, n+m+1]| = 1$,所以$n+m+1$是一个素数.于是由式(14)推出

$$d_{n+m+1} = (n+m+1)d_{n+m} = (n+m+1)d_n.$$

(iv) $m(n) \neq 0$时,$n+m(n)+1$是素数. 素数在整数集合中是稀疏的,所以d_n的下标集合中有无穷多个成员n不是素数,从而对应地有无穷多个$m(n) = 0$. □

引理 9.2 有表达式

$$\xi = \sum_{j=1}^{\infty} \frac{1+m_j}{d_{k_j}}, \tag{15}$$

其中$1 = k_1 < k_2 < k_3 < \cdots$是无穷正整数列,满足

$$k_{j+1} = k_j + m_j + 1; \tag{16}$$

而m_j是整数,满足

$$0 \leqslant m_j = o(k_j) \quad (j \to \infty), \tag{17}$$

其中有无穷多个$m_j = 0$.此外,当$m_j \neq 0$时,

$$d_{k_{j+1}} = k_{j+1}d_{k_j}. \tag{18}$$

证 (i) 如果将某个n记作k_j,相应地,将$m(n)$记作m_j,那么$d_n \neq d_{n+m(n)+1}$.所以将

$$n + m(n) + 1 = k_j + m_j + 1$$

81

记作k_{j+1},即得式(16). 此时依$m(k_{j+1})$的定义有

$$d_{k_{j+1}} = \cdots = d_{k_{j+1}+m(k_{j+1})},$$

依引理9.1,有

$$0 \leqslant m(k_{j+1}) = o(k_{j+1}) \quad (k_{j+1} \to \infty),$$

即得式(17).

(ii) 由引理9.1,有无穷多个$m(n) = 0$,所以有无穷多个$m_j = 0$.

(iii) 在级数(11)中,将满足

$$d_{n-1} < d_n = d_{n+1} = \cdots = d_{n+m} < d_{n+m+1}$$

的项$1/d_n, 1/d_{n+1}, \cdots, 1/d_{n+m}$合并同类项,即得式(15).

(iv) 如果$m_j \neq 0$,那么依式(16)(已证)和引理9.1,有

$$d_{k_{j+1}} = d_{k_j+m_j+1} = (k_j + m_j + 1)d_{k_j} = k_{j+1}d_{k_j},$$

此即式(18). □

定理9.4 ξ是无理数.

证 (i) 由式(15),令

$$\xi_l = \sum_{j=1}^{l-1} \frac{1+m_j}{d_{k_j}}.$$

82

那么

$$0 < \xi - \xi_l = \sum_{j=l}^{\infty} \frac{1+m_j}{d_{k_j}}$$

$$= \frac{1+m_l}{d_{k_l}} + \frac{1+m_{l+1}}{d_{k_{l+1}}} + \frac{1+m_{l+2}}{d_{k_{l+2}}} + \cdots . \tag{19}$$

如果$m_{l+1}=0$,那么因为$d_{k_l} \neq d_{k_{l+1}}$,所以$d_{k_{l+1}} \geqslant 2d_{k_l}$,于是

$$\frac{1+m_{l+1}}{d_{k_{l+1}}} = \frac{1}{d_{k_{l+1}}} \leqslant \frac{1}{2} \cdot \frac{1}{d_{k_l}}. \tag{20}$$

如果$m_{l+1} \neq 0$,那么由式(18)可知

$$\frac{1+m_{l+1}}{d_{k_{l+1}}} = \frac{1+m_{l+1}}{k_{l+1}d_{k_l}} = \frac{1+m_{l+1}}{k_{l+1}} \cdot \frac{1}{d_{k_l}}.$$

由式(17)推出:当l充分大时

$$\frac{1+m_{l+1}}{k_{l+1}} \leqslant \frac{1}{2},$$

于是不等式(20)仍然成立.

类似地,若$m_{l+2}=0$,则由$d_{k_{l+1}} \neq d_{k_{l+2}}$可知$d_{k_{l+2}} \geqslant 2d_{k_{l+1}}$,所以

$$\frac{1+m_{l+2}}{d_{k_{l+2}}} = \frac{1}{d_{k_{l+2}}} \leqslant \frac{1}{2} \cdot \frac{1}{d_{k_{l+1}}}. \tag{21}$$

若$m_{l+2} \neq 0$,则由式(18)推出

$$\frac{1+m_{l+2}}{d_{k_{l+2}}} = \frac{1+m_{l+2}}{k_{l+2}d_{k_{l+1}}} = \frac{1+m_{l+2}}{k_{l+2}} \cdot \frac{1}{d_{k_{l+1}}},$$

由此及式(17)可知,当l充分大时,

$$\frac{1+m_{l+2}}{d_{k_{l+2}}} \leqslant \frac{1}{2} \cdot \frac{1}{d_{k_{l+1}}},$$

于是不等式(21)仍然成立.

一般地,用同样的推理得到:当 $j \geqslant 1$ 时,

$$\frac{1}{d_{k_{l+j}}} \leqslant \frac{1 + m_{l+j}}{d_{k_{l+j}}} \leqslant \frac{1}{2} \cdot \frac{1}{d_{k_{l+j-1}}}.$$

由此及式(19)得到

$$0 < \xi - \xi_n < \frac{1}{d_{k_l}}\left(1 + m_{k_l} + \frac{1}{2} + \frac{1}{2^2} + \frac{1}{2^3} + \cdots\right),$$

于是最终有估值

$$0 < \xi - \xi_l \leqslant \frac{m_{k_l} + 2}{d_{k_l}}. \tag{22}$$

(ii) 若 p 是一个素数,则由式(14)可知 $d_p \neq d_{p-1}$.取 $k_{l-1} = p - 1$,则 $k_l = p$.令

$$\widetilde{\xi}_p = \xi_l = \sum_{j=1}^{l-1} \frac{1 + m_j}{d_{k_j}}.$$

那么由式(22)得到

$$0 < \xi - \widetilde{\xi}_p \leqslant \frac{m_{k_l} + 2}{d_{k_l}} = \frac{m_p + 2}{d_p}, \tag{23}$$

令

$$\widetilde{\xi}_p = \sum_{j=1}^{l-1} \frac{1 + m_j}{d_{k_j}} = \frac{y_p}{x_p}.$$

其中 x_p, y_p 是整数,并且由式(13)可知

$$x_p = d_{k_{l-1}} = d_{p-1}.$$

84

于是由式(14)和(23)得到

$$0 < \xi x_p - y_p < \frac{(m_p + 2)d_{p-1}}{d_p} < \frac{m_p + 2}{p}$$

$$= \frac{m_p}{p} + \frac{2}{p}.$$

注意式(17),对于任何给定的$\varepsilon > 0$,取p足够大,即有

$$0 < \xi x_p - y_p < \varepsilon.$$

因此不等式$0 < \xi x - y < \varepsilon$总有整数解

$$(x, y) = (x_p, y_p).$$

依定理9.3可知ξ是无理数. □

用同样的方法可证:

定理9.5 对于任何整数$\sigma \geqslant 1$,级数

$$\xi_\sigma = \sum_{k=1}^{\infty} \frac{1}{d_k^\sigma}$$

的值是无理数.

注9.5 定理13.4将整数$\sigma \geqslant 1$扩充到实数$\sigma \geqslant 1$.

注9.6 数据使我们猜测$m(n)$是有界的. 也许这个猜测可以用初等方法证明.若猜测成立,则定理9.4证明中$\xi - \xi_l$的估值更加容易.

注9.7 定理9.4证明中的步骤 (ii) 也可应用定理13.2.

注 9.8 关于$m(n)$,我们有更精细的估值

$$m(n) = O(n^{7/12+\varepsilon}),$$

其中$\varepsilon > 0$任意给定.

证 记$m(n) = m$.因为$d_{n+m} = d_n$,所以

$$\psi(n+m) = \psi(n),$$

于是

$$\sum_{n < p^s \leqslant n+m} \log p = \sum_{p^s \leqslant n+m} \log p - \sum_{p^s \leqslant n} \log p$$
$$= \psi(n+m) - \psi(n) = 0,$$

可见$(n, n+m]$中没有素数.又由引理9.2的证明可知$n+m+1$是一个素数,所以$n+m+1 = p_{\pi(n)+1}$,此处$\pi(n)$表示不超过n的素数个数.因为相邻素数差

$$p_{n+1} - p_n = O(p_n^{7/12+\varepsilon}),$$

所以

$$m \leqslant p_{\pi(n)+1} - p_{\pi(n)} \leqslant c_1 p_{\pi(n)}^{7/12+\varepsilon},$$

其中$c_1 > 0$(以及下文$c_2 > 0$等)是常数.注意

$$p_n \sim n \log n \ (n \to \infty),$$

所以由素数定理得到

$$m \leqslant c_1 \big(c_2 \pi(n) \log \pi(n)\big)^{7/12+\varepsilon}$$
$$\leqslant c_1 \left(c_2 \frac{c_3 n}{\log n} \log \left(\frac{c_3 n}{\log n}\right)\right)^{7/12+\varepsilon}$$
$$\leqslant c_4 n^{7/12+\varepsilon}. \qquad \square$$

第10章 懂点连分数:无理数的一种刻画

§10.1 我们仍然回到$\sqrt{2}$.因为

$$(\sqrt{2}+1)(\sqrt{2}-1) = (\sqrt{2})^2 - 1 = 1,$$

所以

$$\sqrt{2} - 1 = \frac{1}{1+\sqrt{2}},$$

于是

$$\sqrt{2} = 1 + \frac{1}{1+\sqrt{2}}.$$

上式右边分母中的$\sqrt{2}$可以用整个左边式子来代替(称为"迭代"),于是得到

$$\sqrt{2} = 1 + \cfrac{1}{1+\left(1+\cfrac{1}{1+\sqrt{2}}\right)} = 1 + \cfrac{1}{2+\cfrac{1}{1+\sqrt{2}}}.$$

这是一个繁分数,当然我们可以继续进行迭代,得到分母"层次"更多的繁分数,并且每次迭代,相应的"分子"都是1,并且在最低"层"中总要出现$\sqrt{2}$,所以迭代过程不会终止.

对于有理数,也可将它表示为某个繁分数,例如

$$\frac{225}{43} = 5 + \frac{10}{43} = 5 + \frac{1}{\frac{43}{10}} = 5 + \cfrac{1}{4+\cfrac{3}{10}}$$

$$= 5 + \cfrac{1}{4+\cfrac{1}{\frac{10}{3}}} = 5 + \cfrac{1}{4+\cfrac{1}{3+\cfrac{1}{3}}}.$$

在此,相应的"分子"都是1,并且过程在有限步后终止.不难看出,这里进行的计算实际就是实施辗转相除(Euclid算法).因为繁分数的每一"层次"的"分子"都是1,我们可将它写成

$$\frac{225}{43} = [5, 4, 3, 3].$$

同样地,可以写出

$$\sqrt{2} = [1, 2, 2, 2, \cdots].$$

类似地,对于给定的有理数a/b,应用Euclid算法,我们依次得到

$$\frac{a}{b} = v_0 + \frac{r_1}{b}, \quad v_0 = \left[\frac{a}{b}\right] \in \mathbb{Z}, \quad 0 < r_1 < b,$$

$$\frac{b}{r_1} = v_1 + \frac{r_2}{r_1}, \quad v_1 = \left[\frac{b}{r_1}\right] \in \mathbb{N}, \quad 0 < r_2 < r_1,$$

$$\frac{r_1}{r_2} = v_2 + \frac{r_3}{r_2}, \quad v_2 = \left[\frac{r_1}{r_2}\right] \in \mathbb{N}, \quad 0 < r_3 < r_2,$$

$$\vdots$$

$$\frac{r_{n-3}}{r_{n-2}} = v_{n-2} + \frac{r_{n-1}}{r_{n-2}}, \quad v_{n-2} = \left[\frac{r_{n-3}}{r_{n-2}}\right] \in \mathbb{N},$$

$$0 < r_{n-1} < r_{n-2},$$

$$\frac{r_{n-2}}{r_{n-1}} = v_{n-1} + \frac{r_n}{r_{n-1}}, \quad v_{n-1} = \left[\frac{r_{n-2}}{r_{n-1}}\right] \in \mathbb{N},$$

$$0 < r_n < r_{n-1},$$

$$\frac{r_{n-1}}{r_n} = v_n, \quad v_n \in \mathbb{N}.$$

其中v_j唯一地确定,并且因为$r_n < r_{n-1}$所以$v_n >$

1.于是得到如下的繁分数

$$\frac{a}{b} = v_0 + \cfrac{1}{v_1 + \cfrac{1}{v_2 + \cfrac{1}{\ddots + \cfrac{1}{v_{n-2} + \cfrac{1}{v_{n-1} + \cfrac{1}{v_n}}}}}}.$$

一般地,设v_0是任意实数,$v_1, v_2, \cdots, v_n$都是正数,我们将上述形式的繁分数称为有限连分数,并记作

$$[v_0, v_1, v_2, \cdots, v_n]. \tag{1}$$

$v_0, v_1, \cdots, v_n$称为它的元素.当特殊情形:v_0是整数,$v_1, v_2, \cdots, v_n$是正整数,表达式(1)称为有限简单连分数,在不引起混淆时,简称为有限连分数.元素$v_j (j \geqslant 0)$也称为它的第j个部分商.

在上面应用Euclid算法得到的有理数的有限简单连分数(1)中,最后一个部分商v_n总是大于1.我们约定:有限简单连分数的最后一个部分商总是大于1; 亦即将$[v_0, \cdots, v_{n-1}, 1]$,改记成

$$[v_0, \cdots, v_{n-1} + 1].$$

引理10.1 两个有限简单连分数

$$[u_0, u_1, \cdots, u_k] \text{ 和 } [v_0, v_1, \cdots, v_t]$$

相等(即都可化为同一个(通常的)分数),当且仅当 $k = t$,并且 $v_j = u_j (j = 0, 1, \cdots, k)$.

证 只证必要性.对 k 应用数学归纳法.若 $k = 0$,则

$$u_0 = v_0 + \frac{1}{[v_1, \cdots, v_t]} \in \mathbb{Z},$$

因而 $t = 0 = k, u_0 = v_0$.若结论对 $k = l(l \geqslant 0)$ 成立,并设

$$[u_0, u_1, \cdots, u_{l+1}] = [v_0, v_1, \cdots, v_t],$$

则由

$$u_0 - v_0 = \frac{1}{[v_1, \cdots, v_t]} - \frac{1}{[u_1, \cdots, u_{l+1}]} \in \mathbb{Z}$$

推出

$$u_0 = v_0, [u_1, \cdots, u_{l+1}] = [v_1, \cdots, v_t].$$

将后一式改写为

$$[u_0', \cdots, u_l'] = [v_0', \cdots, v_{t-1}'],$$

依归纳假设得 $l = t - 1, u_r' = v_r' (r = 0, \cdots, l)$,即

$$l + 1 = t, \quad u_j = v_j \quad (j = 1, \cdots, l+1).$$

于是完成归纳推理.   □

显然每个有限简单连分数都可化为分数形式(是一个有理数).因此我们有:

定理10.1　每个有理数都可唯一地表示成有限简单连分数的形式; 每个有限简单连分数都表示一个有理数.

现在设ξ是一个无理数,令$[\xi] = v_0, r_0 = 1/\{\xi\}$,那么有$\xi = v_0 + 1/r_0 = [v_0, r_0]$.因为$r_0 > 1$,所以又可令$v_1 = [r_0], r_1 = 1/\{r_0\}$,得到

$$\xi = v_0 + \cfrac{1}{v_1 + \cfrac{1}{r_1}} = [v_0, v_1, r_1].$$

因为ξ是无理数,所以r_1也是无理数而且大于1, 于是上述过程将可重复进行.一般地,令

$$r_n = v_{n+1} + 1/r_{n+1} \quad (n \geqslant 0),$$

那么r_n总是大于1的无理数,于是上述过程不可能终止,从而有

$$\xi = [v_0, v_1, v_2, \cdots, v_n, r_n] \quad (n = 0, 1, 2, \cdots). \quad (2)$$

这样,我们得到一个由有限简单连分数组成的无穷序列

$$[v_0, v_1, \cdots, v_n] \quad (n \geqslant 0).$$

但要注意,此处不一定有$v_n > 1$.

一般地,设上述无穷序列中,v_0是任意实数,$v_1, v_2, \cdots, v_n, \cdots$都是正数,即它是由有限连分数组成的无穷序列,那么将它记作

$$[v_0, v_1, \cdots, v_n, \cdots], \quad (3)$$

并称它为无限连分数,而将$v_j (j \geqslant 0)$称为它的元素.如果当$n \to \infty$时,这个无穷序列收敛于实数ξ,那么记为

$$\xi = [v_0, v_1, \cdots, v_n, \cdots],$$

亦即这个无限连分数表示实数ξ(或称这个无限连分数的值是ξ). 当特殊情形:v_0是整数,$v_1, v_2, \cdots$是正整数, 表达式(3)称为无限简单连分数,在不引起混淆时,简称为无限连分数. 元素$v_j (j \geqslant 0)$也称为它的第j个部分商.

对于有限或无限连分数(1)或(3)(不限于简单连分数),我们令

$$p_0 = v_0, \quad p_1 = v_1 v_0 + 1, \quad p_k = v_k p_{k-1} + p_{k-2}$$
$$(k \geqslant 2);$$

$$q_0 = 1, \quad q_1 = v_1, \quad q_k = v_k q_{k-1} + q_{k-2} \quad (k \geqslant 2).$$

我们称$p_k/q_k (k = 0, 1, 2, \cdots)$为连分数的第$k$个(或$k$阶)渐近分数.对于简单连分数,由后文式(6)可知它们是既约分数. 应用数学归纳法容易证明:

引理10.2 我们有

$$[v_0, v_1, \cdots, v_n] = \frac{p_n}{q_n} \quad (n = 0, 1, 2, \cdots).$$

如果采用矩阵记号,那么我们有

$$\begin{pmatrix} p_0 \\ q_0 \end{pmatrix} = \begin{pmatrix} v_0 \\ 1 \end{pmatrix}, \begin{pmatrix} p_1 \\ q_1 \end{pmatrix} = \begin{pmatrix} v_0 & 1 \\ 1 & 0 \end{pmatrix} \begin{pmatrix} v_1 \\ 1 \end{pmatrix},$$

以及

$$\begin{pmatrix} p_k \\ q_k \end{pmatrix} = \begin{pmatrix} p_{k-1} & p_{k-2} \\ q_{k-1} & q_{k-2} \end{pmatrix} \begin{pmatrix} v_k \\ 1 \end{pmatrix} \quad (k = 2, 3, \cdots). \quad (4)$$

于是可推出

$$\begin{pmatrix} p_1 & p_0 \\ q_1 & q_0 \end{pmatrix} = \begin{pmatrix} v_0 & 1 \\ 1 & 0 \end{pmatrix} \begin{pmatrix} v_1 & 1 \\ 1 & 0 \end{pmatrix},$$

$$\begin{pmatrix} p_k & p_{k-1} \\ q_k & q_{k-1} \end{pmatrix} = \begin{pmatrix} p_{k-1} & p_{k-2} \\ q_{k-1} & q_{k-2} \end{pmatrix} \begin{pmatrix} v_k & 1 \\ 1 & 0 \end{pmatrix} \quad (k \geqslant 2).$$

并且得到

$$\begin{pmatrix} p_k & p_{k-1} \\ q_k & q_{k-1} \end{pmatrix} = \prod_{j=0}^{k} \begin{pmatrix} v_j & 1 \\ 1 & 0 \end{pmatrix}. \quad (5)$$

引理 10.3　我们有

$$\frac{p_k}{q_k} - \frac{p_{k-1}}{q_{k-1}} = \frac{(-1)^{k+1}}{q_k q_{k-1}} \quad (k \geqslant 1), \quad (6)$$

以及

$$\frac{p_k}{q_k} - \frac{p_{k-2}}{q_{k-2}} = \frac{(-1)^k v_k}{q_{k-2} q_k} \quad (k \geqslant 2), \quad (7)$$

证　在式(5)两边取行列式即可得式(6).注意

$$\begin{pmatrix} p_{k-2} \\ q_{k-2} \end{pmatrix} = \begin{pmatrix} p_{k-1} & p_{k-2} \\ q_{k-1} & q_{k-2} \end{pmatrix} \begin{pmatrix} 0 \\ 1 \end{pmatrix}.$$

由此及式(4)可得

$$\begin{pmatrix} p_k & p_{k-2} \\ q_k & q_{k-2} \end{pmatrix} = \begin{pmatrix} p_{k-1} & p_{k-2} \\ q_{k-1} & q_{k-2} \end{pmatrix} \begin{pmatrix} v_k & 0 \\ 1 & 1 \end{pmatrix},$$

两边取行列式并应用式(6),即可得式(7). □

引理10.4 无限连分数(3)收敛的充分必要条件是

$$q_n q_{n+1} \to \infty \quad (n \to \infty). \tag{8}$$

证 由式(7),偶数阶渐近分数和奇数阶渐近分数分别形成递增和递减序列,而且由式(6)易知任何偶数阶渐近分数小于任何奇数阶渐近分数,因而这两个序列都收敛.无限连分数(3)收敛的充分必要条件是它们收敛于同一个极限,于是由式(6) 得到结论. □

引理10.5 每个无限简单连分数都表示一个无理数.

证 由引理10.4可知无限简单连分数(3)的收敛性.设其极限是ξ. 由引理10.4的证明及式(6)可得:对任何n有

$$0 < \left| \xi - \frac{p_n}{q_n} \right| < \left| \frac{p_{n+1}}{q_{n+1}} - \frac{p_n}{q_n} \right| = \frac{1}{q_n q_{n+1}}. \tag{9}$$

因此不等式

$$\left| \xi - \frac{p}{q} \right| < \frac{1}{q^2}$$

有无穷多个解$p_n/q_n(p_n, q_n$互素),于是由定理9.4得知ξ是无理数. □

引理10.6 每个无理数都可表示为一个无限简单连分数(即存在一个收敛于它的无限简单连分数).

证 设 ξ 是一个无理数, $[v_0, v_1, v_2, \cdots, v_n, \cdots]$ 是式(3)表示的它的无限简单连分数展开,我们来证明这个无限简单连分数收敛于 ξ.

用 p_n/q_n 表示这个连分数的第 n 个渐近分数.由式(2)得

$$\xi = [v_0, v_1, v_2, \cdots, v_n, r_n] \quad (n = 0, 1, 2, \cdots).$$

其第 $n+1$ 个渐近分数 p'_{n+1}/q'_{n+1} 就是它本身.由引理10.2,

$$p'_{n+1} = p_n r_n + p_{n-1}, \quad q'_{n+1} = q_n r_n + q_{n-1},$$

所以

$$\xi = \frac{p_n r_n + p_{n-1}}{q_n r_n + q_{n-1}}. \tag{10}$$

同样由引理10.2可知, $[v_0, v_1, \cdots, v_{n+1}]$ 等于它的第 $n+1$ 个渐近分数 p_{n+1}/q_{n+1},因此类似地得到

$$\frac{p_{n+1}}{q_{n+1}} = \frac{p_n v_{n+1} + p_{n-1}}{q_n v_{n+1} + q_{n-1}}. \tag{11}$$

将二式(10)(11)相减,注意

$$0 < r_n - v_{n+1} = \frac{1}{r_{n+1}} < 1,$$

以及 $q_n r_n + q_{n-1} > q_n v_{n+1} + q_{n-1} = q_{n+1}$,并应用式(6),可得

$$\left| \xi - \frac{p_{n+1}}{q_{n+1}} \right| = \frac{|p_n q_{n-1} - q_n p_{n-1}|(r_n - v_{n+1})}{(q_n r_n + q_{n-1})(q_n v_{n+1} + q_{n-1})} < \frac{1}{q_{n+1}^2}.$$

因此 p_{n+1}/q_{n+1} 确实以 ξ 为极限. $\qquad \square$

95

引理 10.7 当且仅当$u_j = v_j\,(j = 0, 1, 2, \cdots)$时,两个无限简单连分数

$$[v_0, v_1 \cdots, v_n, \cdots] \quad \text{和} \quad [u_0, u_1, \cdots, u_n, \cdots]$$

相等(即收敛于同一个极限).

证 充分性是显然的.现证必要性.记$\vartheta_n = [v_n, v_{n+1}, \cdots]$, $\varphi_n = [u_n, u_{n+1}, \cdots]\,(n \geqslant 0)$. 由定义可知

$$
\begin{aligned}
\vartheta_0 &= \lim_{n \to \infty} [v_0, v_1, \cdots, v_n] \\
&= \lim_{n \to \infty} \left(v_0 + \frac{1}{[v_1, \cdots, v_n]} \right);
\end{aligned}
$$

$$\vartheta_1 = \lim_{n \to \infty} [v_1, \cdots, v_n] > v_1 \geqslant 1.$$

于是$\vartheta_0 = v_0 + 1/\vartheta_1$.注意$0 < 1/\vartheta_1 < 1$, 我们得到$v_0 = [\vartheta_0]$.将此结果应用于$[u_0, u_1, \cdots, u_n, \cdots]$和$\varphi_0$,则有$u_0 = [\varphi_0]$.如果

$$[v_0, v_1, \cdots, v_n, \cdots] = [u_0, u_1, \cdots, u_n, \cdots],$$

那么$\vartheta_0 = \varphi_0$,因而$[\vartheta_0] = [\varphi_0]$, 即$v_0 = u_0$.这样就有

$$[v_1, v_2, \cdots, v_n, \cdots] = [u_1, u_2, \cdots, u_n, \cdots].$$

由此式出发,重复上述推理,又可推出$v_1 = u_1$.这个过程可以继续下去, 从而归纳地得到$u_j = v_j$ $(j = 0, 1, 2, \cdots)$. $\qquad\square$

综上所述,我们得到:

定理 10.2 每个无限简单连分数表示一个无理数, 每个无理数都可唯一地用无限简单连分数表示.

由定理10.1和定理10.2可知,实数集与所有简单连分数(但排除最末元素为1的有限连分数)的集合之间可建立一一对应.特别,无限简单连分数是无理数的一种刻画方式.

§10.2 下面是无理数的连分数展开的例子.

例10.1 如本章开始所见,

$$\sqrt{2} = [1, 2, 2, 2, \cdots] = [1, \overline{2}],$$

这是一个无限循环的(简单)连分数,此处记号$\overline{2}$表示循环节是2.这再次证明了$\sqrt{2}$的无理性.

注10.1 关于循环(简单)连分数(或周期连分数),可见[12].一个无理数是二次的,当且仅当其(简单)连分数展开是循环的.

例10.2 类似于$\sqrt{2}$,因为

$$\frac{\sqrt{5}-1}{2} = \frac{1}{\frac{\sqrt{5}+1}{2}} = \frac{1}{1 + \frac{\sqrt{5}-1}{2}},$$

所以通过迭代得到

$$\frac{\sqrt{5}-1}{2} = [0, 1, 1, \cdots] = [0, \overline{1}].$$

这是最"简单"的连分数.由式(4)可知,它的渐近分数是$F_k/F_{k+1}\ (k \geqslant 0)$,此处$F_k\ (k \geqslant 0)$是Fibonacci数,它们满足递推关系

$$F_0 = 0, F_1 = 1, F_k = F_{k-1} + F_{k-2} \quad (k \geqslant 2).$$

例10.3 设整数$n \geqslant 2$,我们来求$\sqrt{n^2 - 2}$的连分数展开.为思路清晰,我们分步骤进行.

(i) 因为$n \geqslant 2$,所以$n - 1 < \sqrt{n^2 - 2} < n$,我们有

$$\begin{aligned}
\sqrt{n^2 - 2} &= n - 1 + (\sqrt{n^2 - 2} - n + 1) \\
&= n - 1 + \cfrac{1}{\cfrac{\sqrt{n^2 - 2} + n - 1}{2n - 3}}.
\end{aligned} \quad (12)$$

(ii) 因为

$$1 < \frac{\sqrt{n^2 - 2} + n - 1}{2n - 3} < 2,$$

所以由式(12)得到

$$\sqrt{n^2 - 2} = n - 1 + \cfrac{1}{1 + \cfrac{1}{\cfrac{\sqrt{n^2 - 2} + n - 2}{2}}}. \quad (13)$$

(iii) 因为

$$n - 2 < \frac{\sqrt{n^2 - 2} + n - 2}{2} < n - 1,$$

所以由式(13)得到

$$\sqrt{n^2-2}$$
$$= n-1+\cfrac{1}{1+\cfrac{1}{n-2+\cfrac{\sqrt{n^2-2}-n+2}{2}}}$$
$$= n-1+\cfrac{1}{1+\cfrac{1}{n-2+\cfrac{1}{\cfrac{\sqrt{n^2-2}+n-2}{2n-3}}}}. \quad (14)$$

(iv) 因为

$$1<\frac{\sqrt{n^2-2}+n-2}{2n-3}<2,$$

所以由式(14)得到

$$\sqrt{n^2-2}$$
$$= n-1+\cfrac{1}{1+\cfrac{1}{n-2+\cfrac{1}{1+\cfrac{\sqrt{n^2-2}-n+1}{2n-3}}}}$$
$$= n-1+\cfrac{1}{1+\cfrac{1}{n-2+\cfrac{1}{1+\cfrac{1}{\sqrt{n^2-2}+n-1}}}}. \quad (15)$$

(v) 因为

$$2n-2<\sqrt{n^2-2}+n-1<2n-1,$$

99

所以由

$$\sqrt{n^2-2}+n-1=2n-2+(\sqrt{\mathbf{n^2-2}}-\mathbf{n+1}),$$

以及式(15)得到

$$\sqrt{n^2-2}\\=n-1+\cfrac{1}{1+\cfrac{1}{n-2+\cfrac{1}{1+\cfrac{1}{2n-2+(\sqrt{\mathbf{n^2-2}}-\mathbf{n+1})}}}}.$$

又因为

$$\begin{aligned}\sqrt{n^2-2}-n+1&=\frac{2n-3}{\sqrt{n^2-2}+n-1}\\&=\frac{1}{\cfrac{\sqrt{n^2-2}+n-1}{2n-3}},\end{aligned}$$

所以

$$\sqrt{n^2-2}=\left[n-1;1,n-2,1,2n-2+\cfrac{1}{\cfrac{\sqrt{\mathbf{n^2-2}}+\mathbf{n-1}}{\mathbf{2n-3}}}\right],$$

可见我们又回到了式(12),于是

$$\sqrt{n^2-2}=[n-1;\overline{1,n-2,1,2n-2}].$$

例10.4 1737年,L.Euler发现e的连分数展开

$$\mathrm{e}=[2,\overline{1,2n,1}]_{n=1}^{\infty}, \tag{16}$$

其意义是:除了 $v_0 = 2$ 外,依次在 $\overline{1, 2n, 1}$ 中令 $n = 1, 2, \cdots$,就可得到它的所有元素:

$$\mathrm{e} = [2, 1, 2, 1, 1, 4, 1, 1, 6, 1, 1, 8, 1, \cdots].$$

这个连分数是无限的,因此实际上Euler当时就已经能够证明e的无理性.

Euler同时还发现

$$\frac{\mathrm{e} + 1}{\mathrm{e} - 1} = [2, 6, 10, 14, \cdots]. \tag{17}$$

1770年,J.H.Lambert将它推广为

$$\frac{\mathrm{e}^{2/\mu} + 1}{\mathrm{e}^{2/\mu} - 1} = [\mu, 3\mu, 5\mu, 7\mu, 9\mu, \cdots] \quad (\mu = 1, 2, \cdots). \tag{18}$$

在式(18)中,令 $\mu = 2$ 即得式(17).下面我们首先证明式(18),然后由式(17)推出式(16).

式(18)**之证**　由

$$\mathrm{e}^{1/\mu} = \sum_{k=0}^{\infty} \frac{1}{k!}\left(\frac{1}{\mu}\right)^k$$

得到

$$\frac{1}{2}\left(\mathrm{e}^{1/\mu} + \mathrm{e}^{-1/\mu}\right) = \sum_{k=0}^{\infty} \frac{1}{(2k)!}\left(\frac{1}{\mu}\right)^{2k},$$

$$\frac{1}{2}\left(\mathrm{e}^{1/\mu} - \mathrm{e}^{-1/\mu}\right) = \sum_{k=0}^{\infty} \frac{1}{(2k+1)!}\left(\frac{1}{\mu}\right)^{2k+1}.$$

令

$$x_n = \sum_{k=0}^{\infty} \frac{2^n(n+k)!}{k!(2n+2k)!}\left(\frac{1}{\mu}\right)^{n+2k} \quad (n \geqslant 0),$$

101

那么

$$x_0 = \frac{1}{2}\left(e^{1/\mu} + e^{-1/\mu}\right), \quad x_1 = \frac{1}{2}\left(e^{1/\mu} - e^{-1/\mu}\right).$$
(19)

因为

$$\sum_{k=0}^{\infty}\left(\frac{2^n(n+k)!}{k!(2n+2k)!}(\frac{1}{\mu})^{n+2k} - \right.$$
$$\mu(2n+1)\frac{2^{n+1}(n+1+k)!}{k!(2n+2+2k)!}(\frac{1}{\mu})^{n+1+2k}\bigg)$$
$$= \sum_{k=0}^{\infty}\left(\frac{2^n(n+k)!(2n+1+2k)(2n+2+2k)}{k!(2n+2+2k)!} - \right.$$
$$\left.\frac{2^{n+1}(2n+1)(n+1+k)!}{k!(2n+2+2k)!}\right)\left(\frac{1}{\mu}\right)^{n+2k}$$
$$= \sum_{k=0}^{\infty}\frac{2^{n+1}(n+1+k)!\big((2n+1+2k)-(2n+1)\big)}{k!(2n+2+2k)!}\cdot$$
$$\left(\frac{1}{\mu}\right)^{n+2k}$$
$$= \sum_{k=1}^{\infty}\frac{2^{n+2}\big((n+2)+(k-1)\big)!}{(k-1)!\big(2(n+2)+2(k-1)\big)!}\cdot$$
$$\left(\frac{1}{\mu}\right)^{(n+2)+2(k-1)},$$

所以x_n单调下降,并且满足

$$x_n - \mu(2n+1)x_{n+1} = x_{n+2} \quad (n \geqslant 0).$$

令$\xi_n = x_n/x_{n+1}(n \geqslant 0)$,那么$\xi_n > 1$,并且

$$\begin{aligned}\xi_n &= \frac{x_{n+2} + \mu(2n+1)x_{n+1}}{x_{n+1}} \\ &= \mu(2n+1) + \frac{1}{\xi_{n+1}} \quad (n \geqslant 0).\end{aligned}$$

由此得到

$$\xi_0 = \mu(2 \cdot 0 + 1) + \frac{1}{\xi_1} = \mu + \frac{1}{\xi_1},$$

将

$$\xi_1 = \mu(2 \cdot 1 + 1) + \frac{1}{\xi_2} = 3\mu + \frac{1}{\xi_2}$$

代入前式,可得

$$\xi_0 = \mu + \cfrac{1}{3\mu + \cfrac{1}{\xi_2}},$$

如此反复迭代,并且由式(19),有

$$\xi_0 = \frac{x_0}{x_1} = \frac{\mathrm{e}^{2/\mu} + 1}{\mathrm{e}^{2/\mu} - 1},$$

即得式(18).   □

式(16)**之证**   即由式(17)推出式(16).   我们
定义实数

$$E = [a_0, a_1, a_2, \cdots] = [2, 1, 2, 1, 1, 4, 1, 1, 6, 1, 1, \cdots],$$

其中

$$a_0 = 2, \quad a_{3n-2} = a_{3n} = 1, \quad a_{3n-1} = 2n \quad (n \geqslant 1). \tag{20}$$

分别用p_n/q_n和P_n/Q_n表示数$(\mathrm{e}+1)/(\mathrm{e}-1)$和$E$的
第n个渐近分数. 我们由

$$\frac{P_0}{Q_0} = \frac{2}{1}, \quad \frac{P_1}{Q_1} = \frac{3}{1}, \quad \frac{P_2}{Q_2} = \frac{8}{3},$$

$$\frac{P_3}{Q_3} = \frac{11}{4}, \quad \frac{P_4}{Q_4} = \frac{19}{7}, \quad \cdots$$

以及

$$\frac{p_0}{q_0} = \frac{2}{1}, \quad \frac{p_1}{q_1} = \frac{13}{6}, \quad \cdots$$

看到

$$P_1 = p_0 + q_0, \quad Q_1 = p_0 - q_0,$$
$$P_4 = p_1 + q_1, \quad Q_4 = p_1 - q_1,$$

因此,一般地,我们来验证关系式

$$P_{3n+1} = p_n + q_n, \quad Q_{3n+1} = p_n - q_n. \tag{21}$$

为此,我们来考虑数列$\lambda_n = p_n + q_n \, (n \geqslant 0)$和数列$\mu_n = P_{3n+1} \, (n \geqslant 0)$.首先,可以直接验证

$$\lambda_0 = \mu_0, \quad \lambda_1 = \mu_1. \tag{22}$$

其次,由式(17)得到当$n \geqslant 2$时

$$p_n = 2(2n+1)p_{n-1}+p_{n-2}, \quad q_n = 2(2n+1)q_{n-1}+q_{n-2},$$

因此

$$\lambda_n = 2(2n + 1)\lambda_{n-1} + \lambda_{n-2}. \tag{23}$$

又由式(20)可知,当$n \geqslant 2$时

$$P_{3n-3} = P_{3n-4} + P_{3n-5},$$
$$P_{3n-2} = P_{3n-3} + P_{3n-4},$$
$$P_{3n-1} = 2nP_{3n-2} + P_{3n-3},$$
$$P_{3n} = P_{3n-1} + P_{3n-2},$$
$$P_{3n+1} = P_{3n} + P_{3n-1}.$$

将这些等式(分别)依次乘以$1, -1, 2, 1, 1$,然后相加,
我们得到$P_{3n+1} = (2+4n)P_{3n-2} + P_{3n-5}$,此即

$$\mu_n = 2(2n+1)\mu_{n-1} + \mu_{n-2}. \qquad (24)$$

式(22)~(24)表明数列$\lambda_n (n \geqslant 0)$和数列$\mu_n (n \geqslant 0)$
满足同样的二阶递推关系,从而$\lambda_n = \mu_n (n \geqslant 0)$,即
式(21)中的第一个等式成立.类似地,可证第二个
等式也成立.

最后,由式(21)及$P_n, Q_n; p_n, q_n$的定义推出

$$
\begin{aligned}
E &= \lim_{n \to \infty} \frac{P_n}{Q_n} = \lim_{n \to \infty} \frac{P_{3n+1}}{Q_{3n+1}} = \lim_{n \to \infty} \frac{p_n + q_n}{p_n - q_n} \\
&= \lim_{n \to \infty} \left(\frac{p_n}{q_n} + 1 \right) \left(\frac{p_n}{q_n} - 1 \right)^{-1} \\
&= \left(\frac{e+1}{e-1} + 1 \right) \left(\frac{e+1}{e-1} - 1 \right)^{-1} = e,
\end{aligned}
$$

从而式(16)得证. □

例10.5 π的连分数展开的最初几个部分商
是(转引自[16])

$$
\begin{aligned}
\pi = {}& [3, 7, 15, 1, 292, 1, 1, 1, 2, 1, 3, 1, 14, 2, 1, 1, 2, 2, \\
& 2, 2, 1, 84, 2, 1, 1, 15, 3, 13, 1, 4, 2, 6, 6, 1, \cdots].
\end{aligned}
$$

前26个部分商是Lambert于1770年首先算出的.如
果应用π的估值

$$3.141\,592\,653\,58 < \pi < 3.141\,592\,653\,59,$$

并且算出

$$3.141\,592\,653\,58 = [3, 7, 15, 1, 292, 1, 1, 1, 1, \cdots],$$

$$3.141\,592\,653\,59 = [3, 7, 15, 1, 292, 1, 1, 1, 2, \cdots],$$

就可导出表达式

$$\pi = [3, 7, 15, 1, 292, 1, 1, 1, \cdots].$$

注 10.2 由于现代计算技术的发展,关于 π 的更为精准的近似值计算应该说已经不成问题. 例如,1989 年,D.V.Chudnovsky 和 G.V.Chudnovsky 兄弟曾将 π 计算到小数点后 226 032 133 6(约 22 亿) 位.同年,P.B.Borwein 和 J.M.Borwein 兄弟提出了一种计算 π 的迭代方法,只需 15 次迭代就足以将 π 计算到小数点后 20 亿位(以上信息转引自[259],p.743). 实际上,π 的计算已经成为检验某些算法以及计算机性能的一种"试金石",数论中某些著名常数的计算也成为"计算数论"这个数论新分支中的一个重要课题.

§ 10.3 设 ξ 是一个无理数,如果有理数 p/q 具有下述性质:对任何有理数 $p'/q' \neq p/q$ 且 $0 < q' \leqslant q$,有

$$\left| \xi - \frac{p}{q} \right| < \left| \xi - \frac{p'}{q'} \right|,$$

那么我们称 p/q 是 ξ 的一个最佳有理逼近.换言之,在一切分母不超过 q 的有理数中,p/q 是最接近于 ξ 的.

特殊情形:在分母不大于 1 的所有有理数(即整数)中,由于总存在整数 p 使得

$$|\xi - p| < 1/2,$$

而对于其他整数 p' 总有

$$|\xi - p'| > 1/2,$$

因此 $p = p/1$ 就是 ξ 的一个最佳有理逼近.

在一般情形, 无理数的渐近分数在 "最佳有理逼近" 意义下能很好地逼近这个无理数. 我们有下列的 (参见 [3]):

定理 10.3 (最佳逼近定律) 无理数 ξ 的渐近分数 $p_n/q_n\ (n \geqslant 1)$ 是其最佳有理逼近, 而且逼近误差满足不等式

$$\frac{1}{q_n(q_n + q_{n+1})} < \left| \xi - \frac{p_n}{q_n} \right| < \frac{1}{q_n q_{n+1}} \quad (n \geqslant 1).$$

注 10.3 上式右半不等式即式 (9). 另外, 由式 (10) 以及引理 10.2 和引理 10.3, 并注意

$$r_n < v_{n+1} + 1,$$

可得到

$$\begin{aligned} &\left| \xi - \frac{p_n}{q_n} \right| \\ =\ &\frac{|p_n q_{n-1} - q_n p_{n-1}|}{q_n(q_n r_n + q_{n-1})} \\ >\ &\frac{1}{q_n\big(q_n(v_{n+1} + 1) + q_{n-1}\big)}, \end{aligned}$$

即得上述左半不等式.

§10.4 下面是几个无理数的最佳有理逼近的例子.

例 10.6 $\sqrt{2} = [1, \overline{2}]$ 的最初几个渐近分数是

$$1, \frac{3}{2}, \frac{7}{5}, \frac{17}{12}, \frac{41}{29}, \frac{99}{70}, \frac{239}{169}, \frac{577}{408}, \frac{1\,393}{985}, \frac{3\,363}{2\,378}, \cdots,$$

因此(例如)17/12 和 1 393/985 分别是 $\sqrt{2}$ 的分母不超过12和985的最佳有理逼近, 并且

$$\left| \sqrt{2} - \frac{17}{12} \right| \leqslant \frac{1}{12 \cdot 29} < 3 \cdot 10^{-3},$$

$$\left| \sqrt{2} - \frac{1\,393}{985} \right| \leqslant \frac{1}{985 \cdot 2\,578} < 3 \cdot 10^{-6},$$

例 10.7 黄金分割数

$$\frac{\sqrt{5} - 1}{2} = [0, 1, 1, \cdots] = [0, \overline{1}]$$

的 $k (\geqslant 0)$ 阶渐近分数是

$$\frac{F_k}{F_{k+1}} = \frac{0}{1}, \frac{1}{1}, \frac{1}{2}, \frac{2}{3}, \frac{3}{5}, \frac{5}{8}, \frac{8}{13}, \frac{13}{21}, \cdots.$$

因此 8/13 是 $(\sqrt{5} - 1)/2$ 的分母不超过13的最佳有理逼近, 并且

$$\left| \frac{\sqrt{5} - 1}{2} - \frac{8}{13} \right| \leqslant \frac{1}{13 \cdot 21} < 4 \cdot 10^{-3}.$$

例 10.8 对于

$$\mathrm{e} = [2, \overline{1, 2n, 1}]_{n=1}^{\infty}$$
$$= [2, 1, 2, 1, 1, 4, 1, 1, 6, 1, 1, 8, 1, \cdots],$$

可算出开头几个渐近分数:

$$\frac{2}{1}, \frac{3}{1}, \frac{8}{3}, \frac{11}{4}, \frac{19}{7}, \frac{87}{32}, \frac{106}{39}, \cdots,$$

因此87/32是e的分母不超过32的最佳有理逼近,并且

$$\left|\mathrm{e} - \frac{87}{32}\right| \leqslant \frac{1}{32 \cdot 39} < 10^{-3}.$$

例10.9 由例10.4中 π 的连分数展开,可算出 π 的最初几个渐近分数是

$$3, \frac{22}{7}, \frac{133}{106}, \frac{355}{113}, \frac{103\,993}{33\,102}, \frac{104\,348}{33\,215}, \frac{20\,8341}{66\,417},$$
$$\frac{3\,123\,689}{99\,532}, \cdots,$$

其中22/7是约率,误差是

$$\left|\pi - \frac{22}{7}\right| \leqslant \frac{1}{7 \cdot 106} < 0.001\,35;$$

而355/113是密率,误差是

$$\left|\pi - \frac{355}{113}\right| \leqslant \frac{1}{113 \cdot 33\,102} < 10^{-6},$$

可见相当精确.

注10.4 上面的例子表明连分数在实数的有理逼近中的作用.实际上, 连分数以及更一般的连分式,不仅在数论中,而且在数学的许多分支中都有重要应用.早在17世纪, C.Huygens就曾在他的太阳系齿轮模型的研究中使用过连分数,试图用来逼近具有尽可能少的齿的行星周期间的关系.时至今日,连分数仍然应用于与齿轮啮合有关的实际问题中.

第 11 章　再用微积分:无理数的级数表示

§11.1　无理数 $\sqrt{2}$, $\lg 2$ 等分别是初等函数 $\sqrt{x}$, $\lg x$ 当 $x = 2$ 时的特殊值,但自然对数的底 e 是通过无穷级数

$$1 + \frac{1}{2!} + \cdots + \frac{1}{n!} + \cdots$$

给出的.例 9.2 及其特例中的无理数也都是由无穷级数定义的.实际上,通过无穷级数给出具有某种性质的数,在数学中是屡见不鲜的事.下面我们补充几个通过无穷级数构造的无理数.

例 11.1　设 $n_1 < n_2 < \cdots < n_k < \cdots$ 是一个严格递增的无穷正整数列, 并且

$$\frac{n_k}{n_1 n_2 \cdots n_{k-1}} \to \infty \quad (k \to \infty),$$

则级数 $\theta = \sum\limits_{k=1}^{\infty} n_k^{-1}$ 是无理数.

证　设 $\theta = \sum\limits_{k=1}^{\infty} n_k^{-1} = p/q$,其中 p, q 是正整数.由题设,可取 l_0 使当 $l > l_0$ 时

$$\frac{n_l}{n_1 n_2 \cdots n_{l-1}} > 3q, \tag{1}$$

因而当 $k \geqslant l(> l_0)$ 时

$$n_{k+1} > 3q n_1 n_2 \cdots n_k > 3n_k. \tag{2}$$

110

于是对于任意固定的 $l > l_0$,我们有

$$
\begin{aligned}
& pn_1 n_2 \cdots n_{l-1} \\
= \ & qn_1 n_2 \cdots n_{l-1} \theta \\
= \ & qn_1 n_2 \cdots n_{l-1} \sum_{k=1}^{\infty} \frac{1}{n_k} \\
= \ & \sum_{k=1}^{l-1} \frac{qn_1 n_2 \cdots n_{l-1}}{n_k} + \sum_{k=l}^{\infty} \frac{qn_1 n_2 \cdots n_{l-1}}{n_k}. \quad (3)
\end{aligned}
$$

由式(1)和(2)可知,当 $k \geqslant l$ 时,

$$
\begin{aligned}
\frac{qn_1 n_2 \cdots n_{l-1}}{n_k} &= \frac{qn_1 n_2 \cdots n_{l-1}}{n_l} \cdot \frac{n_l}{n_{l+1}} \cdots \frac{n_{k-1}}{n_k} \\
&< \left(\frac{1}{3}\right)^{k-l+1},
\end{aligned}
$$

因此式(3)右边第二项小于 $\sum\limits_{k=1}^{\infty} 3^{-1} = 1/2$, 因而是区间 $(0,1)$ 中的一个实数.但式(3)左右两边其他项都是整数,所以得到矛盾. 于是本题得证.

例 11.2　设 $n_k(k = 1, 2, \cdots)$ 是一个严格单调递增的无穷自然数列,并且 $n_k^{1/2^k}$ 单调递增趋于无穷.证明 $\sum\limits_{k=1}^{\infty} 1/n_k$ 是无理数; 并且这个结果在下列意义下是最有可能的:对于每个 $c > 0$,可以给出一个数列的例子 $n_1 < n_2 < \cdots$,使得对于所有 $k \geqslant 1$ 有 $n_k^{1/2^k} > c$,但 $\sum\limits_{k=1}^{\infty} 1/n_k$ 是有理数.

证　(i) 用反证法.设

$$
\sum_{i=1}^{\infty} \frac{1}{n_i} = \frac{p}{q},
$$

111

其中p,q是正整数.那么对于任意正整数k,

$$\sum_{i=1}^{k} \frac{1}{n_i} + \sum_{i=k+1}^{\infty} \frac{1}{n_i} = \frac{p}{q}.$$

两边乘以$qn_1n_2\cdots n_k$,可知对于所有正整数k,

$$qn_1n_2\cdots n_k \sum_{i=k+1}^{\infty} \frac{1}{n_i} = p - q\sum_{i=1}^{k} \frac{n_1n_2\cdots n_k}{n_i}$$

是一个正整数.我们下面证明:

$$n_1n_2\cdots n_k \sum_{i=k+1}^{\infty} \frac{1}{n_i} \to \infty \quad (k \to \infty), \quad (4)$$

从而得到矛盾.

由单调性假设,我们有

$$n_{k+1}^{2^{-(k+1)}} \geqslant n_k^{2^{-k}} \geqslant n_{k-1}^{2^{-(k-1)}} \geqslant \cdots \geqslant n_1^{2^{-1}},$$

所以

$$n_1n_2\cdots n_k \leqslant n_{k+1}^{2^{-1}+2^{-2}+\cdots+2^{-k}} = n_{k+1}^{1-2^{-k}}. \quad (5)$$

同时,由不等式

$$n_{k+1}^{2^{-(k+1)}} \leqslant n_{k+2}^{2^{-(k+2)}} \leqslant n_{k+3}^{2^{-(k+3)}} \leqslant \cdots$$

可知$n_{k+2} \geqslant n_{k+1}^2, n_{k+3} \geqslant n_{k+1}^{2^2}, \cdots$,所以

$$\sum_{i=k+1}^{\infty} \frac{1}{n_i}$$

$$\leqslant \frac{1}{n_{k+1}} + \frac{1}{n_{k+1}^2} + \frac{1}{n_{k+1}^{2^2}} + \cdots$$

$$< \frac{1}{n_{k+1}} + \frac{1}{n_{k+1}^2} + \frac{1}{n_{k+1}^3} + \cdots$$

$$= \frac{1}{n_{k+1}-1}.$$

由此及式(5)推出

$$n_1 n_2 \cdots n_k \sum_{i=k+1}^{\infty} \frac{1}{n_i} \leqslant \frac{n_{k+1}^{1-2^{-k}}}{n_{k+1}-1}$$
$$= \frac{n_{k+1}}{n_{k+1}-1} \left(n_{k+1}^{2^{-(k+1)}} \right)^2.$$

由此立得式(4).因此本题第一部分得证.

(ii) 构造数列$n_k(k=1,2,\cdots)$如下:任取

$$a_1 > c^2 + 1,$$

然后令

$$n_{k+1} = n_k^2 - n_k + 1 \quad (k \geqslant 1). \tag{6}$$

那么

$$n_{k+1} - 1 > (n_k - 1)^2 > \cdots > (n_1 - 1)^2 > c^{2^{k+1}},$$

因此对所有$k \geqslant 1, n_k^{2^{-k}} > c$;并且由式(6),用数学归纳法可证

$$\sum_{i=1}^{k} \frac{1}{n_i} = \frac{1}{n_1 - 1} - \frac{1}{n_k(n_k - 1)},$$

因而

$$\sum_{i=1}^{\infty} \frac{1}{n_i} = \frac{1}{n_1 - 1}$$

是有理数.

例11.3 证明级数$\sum_{n=1}^{\infty}(n!)^{-2}$的值是无理数.

113

证　由$(n!)^2 \geqslant n^2$可知所给级数收敛. 设它的值S是有理数$p/q\,(p \in \mathbb{Z}, q \in \mathbb{N})$,那么

$$(q!)^2 S = (q!)^2 \cdot \sum_{n=1}^{\infty} \frac{1}{(n!)^2}$$

$$= \sum_{n=1}^{\infty} \left(\frac{q!}{n!}\right)^2$$

$$= \sum_{n=1}^{q} \left(\frac{q!}{n!}\right)^2 + \sum_{n=q+1}^{\infty} \left(\frac{q!}{n!}\right)^2.$$

一方面,我们有

$$\sum_{n=q+1}^{\infty} \left(\frac{q!}{n!}\right)^2 = \sum_{j=0}^{\infty} \frac{1}{(q+1)^2 \cdots (q+1+j)^2}$$

$$< \frac{1}{(q+1)^2} \sum_{j=0}^{\infty} \frac{1}{(q+2)^{2j}}$$

$$= \frac{1}{(q+1)^2} \cdot \frac{1}{1-(q+2)^{-2}}$$

$$= \frac{(q+2)^2}{(q+1)^2 \big((q+2)^2 - 1\big)}.$$

注意,$S = p/q$也可写成$S = (\lambda p)/(\lambda q)$,其中$\lambda$是任意正整数, 因此我们可以认为$q$(以及$p$)可以取得任意大.由上面得到的估计可知,当$q$充分大时

$$0 < \sum_{n=q+1}^{\infty} \left(\frac{q!}{n!}\right)^2 < 1.$$

另一方面,我们同时还有

$$(q!)^2 S = q\big((q-1)!\big)^2 p \in \mathbb{Z}, \quad \sum_{n=1}^{q} (q!/n!)^2 \in \mathbb{Z}$$

(约定0! = 1),从而

$$\sum_{n=q+1}^{\infty} \left(\frac{q!}{n!} \right)^2 \in \mathbb{Z}.$$

于是我们得到矛盾.

例11.4 下面级数含有数论函数:

$$K = \sum_{n=1}^{\infty} \frac{\sigma(n)}{n!},$$

证明它的值是无理数,这里$\sigma(n)$表示正整数n的因子之和.

证 用反证法.设$K = a/b$,其中$(a, b) = 1$.还设素数

$$p > \max\{6, b\}.$$

将级数K分拆为两部分:

$$K = \sum_{n=1}^{p-1} \frac{\sigma(n)}{n!} + \sum_{n=p}^{\infty} \frac{\sigma(n)}{n!},$$

那么

$$\begin{aligned}
&(p-1)!K \\
= \ &(p-1)! \sum_{n=1}^{p-1} \frac{\sigma(n)}{n!} + (p-1)! \sum_{n=p}^{\infty} \frac{\sigma(n)}{n!} \\
= \ &S_1 + S_2 \ (\text{记}).
\end{aligned}$$

显然$(p-1)!K_1 \in \mathbb{N}, S_1 \in \mathbb{N}$,所以$S_2 \in \mathbb{N}$.

另一方面,我们来估计 S_2:

$$
\begin{aligned}
S_2 &= \sum_{n=p}^{\infty} \frac{(p-1)!}{n!} \cdot \sigma(n) \\
&= \sum_{n=p}^{\infty} \frac{\sigma(n)}{p(p+1)\cdots n} \\
&= \sum_{k=0}^{\infty} \frac{\sigma(p+k)}{p(p+1)\cdots(p+k)} \\
&= \left(1 + \frac{1}{p}\right) + \sum_{k=1}^{\infty} \frac{\sigma(p+k)}{p(p+1)\cdots(p+k)} \\
&= 1 + \frac{1}{p} + S_2' \text{ (记)}.
\end{aligned}
$$

依 $\sigma(n)$ 的定义,

$$
\sigma(p+k) < \sum_{j=1}^{p+k} j = \frac{1}{2}(p+k)(p+k+1),
$$

所以

$$
\begin{aligned}
&\frac{\sigma(p+k)}{p(p+1)\cdots(p+k)} \\
< \ &\frac{p+k+1}{2p(p+1)\cdots(p+k-2)(p+k-1)}.
\end{aligned}
$$

注意

$$
\frac{p+k+1}{p+k-1} = 1 + \frac{2}{p+k-1} \leqslant 1 + \frac{2}{p} = \frac{p+2}{p},
$$
$$
p(p+1)\cdots(p+k-2) \geqslant p^{k-1},
$$

我们有

$$
\frac{\sigma(p+k)}{p(p+1)\cdots(p+k)} \leqslant \frac{p+2}{2p^{k-1}\cdot p} = \frac{p+2}{2p^k} \quad (k \geqslant 1),
$$

116

于是

$$S_2' < \sum_{k=1}^{\infty} \frac{p+2}{2p^k} = \frac{p+2}{2(p-1)},$$

从而

$$S_2 < 1 + \frac{1}{p} + \frac{p+2}{2(p-1)}.$$

当 $p > 3 + \sqrt{7}$ 时,

$$\frac{p+2}{2(p-1)} < \frac{p-1}{p}$$

(这个不等式等价于 $p^2 - 6p + 2 > 0$),所以对于我们选择的 p 有

$$1 < S_2 < 1 + \frac{1}{p} + \frac{p-1}{p} = 2.$$

这与 $S_2 \in \mathbb{N}$ 矛盾.因此 K 是无理数.

注 11.1　下面两个级数也含有数论函数:

$$K' = \sum_{n=1}^{\infty} \frac{d(n)}{n!}, \quad K'' = \sum_{n=1}^{\infty} \frac{\phi(n)}{n!}.$$

可以类似地证明级数的值都是无理数,此处 $d(n)$ 表示正整数 n 的因子个数, $\phi(n)$ 是 Euler 函数,即与 n 互素并且不超过 n 的正整数的个数.

例 11.5　设 $q \in \mathbb{Z}, |q| \geqslant 2$.还设 $\theta(n)(n = 1, 2, \cdots)$ 是无穷整数列,使得

$$\Theta = \sum_{n=0}^{\infty} \frac{\theta(n)}{q^n}$$

收敛.再设存在无穷整数列 $n_k(k = 1, 2, \cdots)$, 使得 $n_k \geqslant 2k$,并且当 $k \geqslant k_0$ 时

$$q^s \mid \theta(n_k - k + s) \quad (s = 1, 2, \cdots, k-1, k+1, \cdots, 2k),$$

117

但是

$$q^k \nmid \theta(n_k).$$

证明:若

$$\lim_{k \to \infty} \frac{1}{|q|^k} \sum_{n=0}^{\infty} \frac{|\theta(n + n_k + k + 1)|}{|q|^n} = 0,$$

则Θ是无理数.

证　用反证法.设

$$\Theta = \sum_{n=0}^{\infty} \frac{\theta(n)}{q^n} = \frac{\lambda}{\mu},$$

其中λ, μ是互素整数.于是对于每个正整数k,有

$$\sum_{n=0}^{n_k-k} \frac{\theta(n)}{q^n} + \sum_{n=n_k-k+1}^{n_k-1} \frac{\theta(n)}{q^n} + \frac{\theta(n_k)}{q^{n_k}} +$$

$$\sum_{n=n_k+1}^{n_k+k} \frac{\theta(n)}{q^n} + \sum_{n=n_k+k+1}^{\infty} \frac{\theta(n)}{q^n} = \frac{\lambda}{\mu}.$$

注意

$$\sum_{n=n_k-k+1}^{n_k-1} \frac{\theta(n)}{q^n} = \frac{1}{q^{n_k-k}} \sum_{r=1}^{k-1} \frac{\theta(n_k - k + r)}{q^r},$$

$$\sum_{n=n_k+1}^{n_k+k} \frac{\theta(n)}{q^n} = \frac{1}{q^{n_k-k}} \sum_{r=1}^{k} \frac{\theta(n_k + r)}{q^{k+r}},$$

依题设整除性条件可知存在整数A_k使得

$$\sum_{n=n_k-k+1}^{n_k-1} \frac{\theta(n)}{q^n} + \sum_{n=n_k+1}^{n_k+k} \frac{\theta(n)}{q^n} = \frac{A_k}{q^{n_k-k}}.$$

118

此外还有

$$\sum_{n=0}^{n_k-k} \frac{\theta(n)}{q^n} = q^k \sum_{r=k}^{n_k} \frac{\theta(r-k)}{q^r},$$

$$\sum_{n=n_k+k+1}^{\infty} \frac{\theta(n)}{q^n} = \frac{1}{q^{n_k+k+1}} \sum_{r=0}^{\infty} \frac{\theta(n+n_{l_0}+r+1)}{q^r}.$$

因此我们有

$$\mu\left(q^k \sum_{r=k}^{n_k} \frac{\theta(r-k)}{q^r} + \frac{A_k}{q^{n_k-k}} + \frac{\theta(n_k)}{q^{n_k}}\right) - \lambda$$

$$= -\frac{\mu}{q^{n_k+k+1}} \sum_{r=0}^{\infty} \frac{\theta(n+n_k+r+1)}{q^r}.$$

两边乘以q^{n_k},注意$n_k \geqslant 2k$,得到

$$\mu\left(B_k q^k + \theta(n_k)\right) - \lambda q^{n_k}$$

$$= -\frac{\mu}{q^{k+1}} \sum_{r=0}^{\infty} \frac{\theta(n+n_k+r+1)}{q^r},$$

其中B_k是整数.因为对于任何k上式左边是一个整数,而右边当$k \to \infty$时趋于零,因此当k充分大时,

$$\mu\left(B_k q^k + \theta(n_k)\right) - \lambda q^{n_k} = 0.$$

因为$n_k \geqslant 2k$,可见当k充分大时,$q^k \mid \theta(n_k)$,这与题设矛盾.

例 11.6 设$q \in \mathbb{Z}, |q| \geqslant 2$,以及$r \in \mathbb{N}, r \geqslant 2$,则

$$\xi = \xi(r) = \sum_{k=0}^{\infty} q^{-r^k}$$

是无理数.

证 对于$n \in \mathbb{N}$,

$$\left| q^{r^n}\xi - \sum_{k=0}^{n} q^{r^n-r^k} \right| \leqslant |q|^{r^n} \sum_{k=n+1}^{\infty} |q|^{-r^k}$$

$$\leqslant |q|^{r^n} \sum_{k=r^{n+1}}^{\infty} |q|^{-k}$$

$$\leqslant \frac{|q|}{|q|-1} \cdot \frac{1}{|q|^{(r-1)r^n}}$$

$$< \frac{|q|}{|q|-1} \cdot \frac{|q|^{r-1}}{|q|^{(r-1)r^n}}.$$

对于$n = 1, 2, \cdots$,取

$$p_n = \sum_{k=0}^{n} q^{r^n-r^k}, \quad q_n = |q|^{r^n},$$

则有

$$\left| \xi - \frac{p_n}{q_n} \right| \leqslant \frac{|q|^r}{|q|-1} \cdot \frac{1}{|q|^{r^{n+1}}}, = \frac{|q|^r}{|q|-1} \cdot \frac{1}{q_n^r},$$

因为$r \geqslant 2$,所以由定理9.3的推论1得知$\xi(r)$是无理数.

§11.2 现在讨论下列形式的无穷级数:

$$\sum_{n=1}^{\infty} \frac{b_n}{a_1 a_2 \cdots a_n} \tag{7}$$

其中$a_n > 0, b_n(n \geqslant 1)$是某些整数,它称为Cantor型级数.例9.2中讨论的式(9) 就是这种级数的例子.

定理 11.1 如果级数(7)收敛,所有 $a_n > 1$,而且

$$\lim_{n \to \infty} \frac{|b_n|}{a_{n-1} a_n} = 0, \qquad (8)$$

那么它的值是有理数,当且仅当存在正整数 B 和无穷整数列 $c_n (n \geqslant n_0)$ 使当 $n \geqslant n_0$ 时

$$Bb_n = c_n a_n - c_{n+1}, \quad |c_{n+1}| < \frac{a_n}{2}. \qquad (9)$$

证 设当 $n \geqslant n_0$ 时式(9)成立,那么对任何 $l > n_0$ 有

$$Ba_1 \cdots a_{n_0-1} \sum_{n=1}^{l} \frac{b_n}{a_1 a_2 \cdots a_n}$$

$$= Ba_1 \cdots a_{n_0-1} \left(\sum_{n=1}^{n_0-1} \frac{b_n}{a_1 a_2 \cdots a_n} + \sum_{n=n_0}^{l} \frac{b_n}{a_1 a_2 \cdots a_n} \right)$$

$$= K_0 + \frac{1}{a_{n_0} \cdots a_l} \left(\sum_{n=n_0}^{l-1} a_{n+1} \cdots a_l (c_n a_n - c_{n+1}) + (c_l a_l - c_{l+1}) \right)$$

$$= K_0 + c_{n_0} - \frac{c_{l+1}}{a_{n_0} \cdots a_l},$$

其中 K_0 是一个与 l 无关的整数.注意 $|c_{l+1}| < a_l/2$,令 $l \to \infty$,可得

$$Ba_1 \cdots a_{n_0-1} \sum_{n=1}^{\infty} \frac{b_n}{a_1 a_2 \cdots a_n} \equiv 0 \pmod{1}$$

(上述同余式表明左边是整数),所以级数(7)的和是有理数.

121

反之,现在设级数(7)的值是有理数A/B(其中A, B是整数,并且$B > 0$).由定理的条件可知存在正整数n_0使当$n \geqslant n_0$时

$$a_n \geqslant 2, \quad \frac{|b_n|}{a_{n-1}a_n} < \frac{1}{4B}. \tag{10}$$

对于任何$l \geqslant n_0$,我们有

$$\begin{aligned}
Aa_1 \cdots a_{l-1} &= Ba_1 \cdots a_{l-1} \sum_{n=1}^{\infty} \frac{b_n}{a_1 a_2 \cdots a_n} \\
&= K_1 + \frac{Bb_l}{a_l} + \sum_{n=l+1}^{\infty} \frac{Bb_n}{a_l \cdots a_n},
\end{aligned}$$

其中K_1是一个整数,因此

$$\frac{Bb_l}{a_l} + \sum_{n=l+1}^{\infty} \frac{Bb_n}{a_l \cdots a_n} \equiv 0 \pmod 1.$$

令

$$R_l = \sum_{n=l+1}^{\infty} \frac{Bb_n}{a_l \cdots a_n} \quad (l \geqslant n_0),$$

那么有

$$\frac{Bb_l}{a_l} + R_l \equiv 0 \pmod 1, \tag{11}$$

并且

$$R_l = \frac{Bb_{l+1}}{a_l a_{l+1}} + \frac{1}{a_l} \cdot R_{l+1}. \tag{12}$$

由式(10),当$n \geqslant n_0$时我们有

$$\begin{aligned}
|R_l| &\leqslant \max_{n>l} \frac{|Bb_n|}{a_{n-1}a_n} \left(1 + \sum_{n=l+2}^{\infty} \frac{1}{a_l \cdots a_{n-2}} \right) \\
&< \frac{1}{4} \sum_{k=0}^{\infty} \frac{1}{2^k} \\
&= \frac{1}{2}. \tag{13}
\end{aligned}$$

122

现在来构造数列$c_n(n \geqslant n_0)$.我们取c_{n_0}为最接近于Bb_{n_0}/a_{n_0}的整数,亦即c_{n_0}等于

$$[Bb_{n_0}/a_{n_0}] \text{ 和 } [Bb_{n_0}/a_{n_0}] + 1$$

中的一个,并记$Bb_{n_0} = c_{n_0}a_{n_0} - c_{n_0+1}$,那么$c_{n_0+1}$是一个整数,并且

$$\left|\frac{c_{n_0+1}}{a_{n_0}}\right| = \left|\frac{Bb_{n_0}}{a_{n_0}} - c_{n_0}\right| \leqslant \frac{1}{2}; \qquad (14)$$

我们还有

$$-\frac{c_{n_0+1}}{a_{n_0}} + R_{n_0} = \frac{Bb_{n_0}}{a_{n_0}} - c_{n_0} + R_{n_0},$$

于是由式(11)(13)和(14)得知$-c_{n_0+1}/a_{n_0} + R_{n_0}$是一个绝对值小于1的整数,从而等于零,亦即

$$\frac{c_{n_0+1}}{a_{n_0}} = R_{n_0}. \qquad (15)$$

于是我们由此及式(12)得到

$$\frac{c_{n_0+1}}{a_{n_0}} = \frac{Bb_{n_0+1}}{a_{n_0}a_{n_0+1}} + \frac{R_{n_0+1}}{a_{n_0}},$$

亦即

$$\frac{Bb_{n_0+1}}{a_{n_0+1}} = c_{n_0+1} - R_{n_0+1}. \qquad (16)$$

注意式(13),由此可知c_{n_0+1}是最接近于

$$Bb_{n_0+1}/a_{n_0+1}$$

的整数; 特别,由式(13)和(15)得

$$|c_{n_0+1}| < \frac{a_{n_0}}{2}.$$

记

$$Bb_{n_0+1} = c_{n_0+1}a_{n_0+1} - c_{n_0+2},$$

由式(16)得

$$R_{n_0+1} = c_{n_0+1} - \frac{Bb_{n_0+1}}{a_{n_0+1}} = \frac{c_{n_0+2}}{a_{n_0+1}}, \qquad (17)$$

由此及式(12)即得

$$\frac{Bb_{n_0+2}}{a_{n_0+2}} = a_{n_0+1}R_{n_0+1} - R_{n_0+2} = c_{n_0+2} - R_{n_0+2}.$$

与上面类似,并注意式(13),由上式可知c_{n_0+2}是最接近于Bb_{n_0+2}/a_{n_0+2}的整数; 特别,由式(13)和(17)得

$$|c_{n_0+2}| < \frac{a_{n_0+1}}{2}.$$

这个过程继续下去,一般地,若定义了$c_j(j > n_0)$是最接近于Bb_j/a_j的整数, 记

$$Bb_j = c_j a_j - c_{j+1},$$

可推出

$$\frac{Bb_{j+1}}{a_{j+1}} = c_{j+1} - R_{j+1}.$$

从而c_{j+1}是最接近于Bb_{j+1}/a_{j+1}的整数,并由此定义c_{j+2}. 于是得到所要的数列$c_n(n \geqslant n_0)$.此外,还有

$$R_n = \frac{c_{n+1}}{a_n} \quad (n \geqslant n_0), \qquad (18)$$

因而由式(13)可知(9)中的第二式成立.   □

注11.2 应用条件(8),由式(13)可得

$$|R_n| \leqslant 2\max_{j>n} \frac{|Bb_j|}{a_{j-1}a_j} \to 0 \quad (n \to \infty).$$

因此由式(18)可知,当级数(7)取有理值时,

$$\frac{c_{n+1}}{a_n} \to 0 \quad (n \to \infty), \tag{19}$$

于是或者 $u_n \to \infty (n \to \infty)$,或者当 n 充分大时 $c_n = 0$,因而 $b_n = 0$.

例11.7 设 λ 是一个实数,那么当 $0 \leqslant \lambda < 1$ 时,级数

$$\xi_\lambda = \sum_{n=1}^{\infty} \frac{[n^\lambda]}{n!},$$

的值都是无理数.

证 记 $a_n = n, b_n = [n^\lambda]$,那么条件(8)在此成立. 设 ξ_λ 是有理数,那么存在整数列 $c_n (n \geqslant n_0)$ 使式(9)成立,于是

$$B\frac{[n^\lambda]}{n} = c_n - \frac{c_{n+1}}{n},$$

注意式(19),由此可知当 n 充分大时 $c_n = 0$,从而由式(9)得 $b_n = 0$,这不可能. 于是得到所要的结论.

注11.3 请读者自行应用定理11.1证明例9.2.

§11.3 我们看到,一些无穷级数的值是无理数.反过来,每个无理数都可通过一个适当的无穷级数来表示,例如它们的无限不循环小数本身就可转化为一个无穷级数; 但我们将要给出的是其他类型的无穷级数表示.本节首先考虑有理数的级数(一般是有限级数)表示.

定理 11.2 设 a/m 是一个有理数 $, m = m_1 \cdot m_2 \cdots m_s$,其中 m_i 两两互素. 那么有唯一表示

$$\frac{a}{m} = z + \frac{a_1}{m_1} + \frac{a_2}{m_2} + \cdots + \frac{a_s}{m_s}, \qquad (20)$$

其中 $z, a_1, \cdots, a_s$ 是整数 $, 0 \leqslant a_i < m_i (i = 1, \cdots, s)$.

证 因为整数 m/m_i 两两互素,所以存在整数 $c_1, \cdots, c_s$ 使得

$$c_1 \cdot \frac{m}{m_1} + c_2 \cdot \frac{m}{m_2} + \cdots + c_s \cdot \frac{m}{m_s} = 1.$$

两边同乘 a/m,得到

$$\frac{a}{m} = \frac{d_1}{m_1} + \frac{d_2}{m_2} + \cdots + \frac{d_s}{m_s},$$

其中 $ac_i = d_i$.由 Euclid 除法 $, d_i = v_i m_i + a_i$,其中 v_i, a_i 是整数 $, 0 \leqslant a_i < m_i$.代入上式,并令

$$z = v_1 + \cdots + v_s,$$

即得式 (20).

若还有另一个同样性质的表示

$$\frac{a}{m} = z' + \frac{a_1'}{m_1} + \frac{a_2'}{m_2} + \cdots + \frac{a_s'}{m_s},$$

那么将此式与等式 (20) 相减,有

$$(z - z') + \frac{a_1 - a_1'}{m_1} + \cdots + \frac{a_s - a_s'}{m_s} = 0,$$

于是

$$m(z-z')+(a_1-a_1')\frac{m}{m_1}+\cdots+(a_s-a_s')\frac{m}{m_s} = 0, \quad (21)$$

126

因为$0 \leqslant a_i, a_i' < m_i$,所以$0 \leqslant |a_i - a_i'| < m_i$;并且由于$m_i$两两互素,从而若$a_i - a_i' \neq 0$,则

$$m_i \nmid (a_1 - a_1')\frac{m}{m_i},$$

但m_i整除式(21)中其余各项,得到矛盾.因此推出$a_i = a_i'(i = 1, \cdots, s)$,进而由式(21)得到$z - z' = 0$,即$z = z'$. $\square$

注11.4 定理11.2与有理分式的"分部分式"相当.

定理11.3 任何正有理数可表示为调和级数

$$1 + \frac{1}{2} + \frac{1}{3} + \cdots + \frac{1}{n} + \cdots$$

中有限多个互异项之和.

证 设A/B是任意给定的正有理数.约定

$$\frac{1}{0} = 0.$$

因为$\sum_{i=0}^{n} 1/i$,当$n \to \infty$时单调增加到无穷,所以存在正整数n_0,使得

$$\sum_{i=0}^{n_0} \frac{1}{i} < \frac{A}{B} \leqslant \sum_{i=0}^{n_0+1} \frac{1}{i}.$$

如果右边等号成立,那么结论成立.不然有

$$\sum_{i=0}^{n_0} \frac{1}{i} < \frac{A}{B} < \sum_{i=0}^{n_0+1} \frac{1}{i}. \tag{22}$$

定义既约分数

$$\frac{C}{D} = \frac{A}{B} - \sum_{i=0}^{n_0} \frac{1}{i},$$

由式(22)可知

$$0 < \frac{C}{D} < \sum_{i=0}^{n_0+1} \frac{1}{i} - \sum_{i=0}^{n_0} \frac{1}{i} = \frac{1}{n_0 + 1},$$

从而存在唯一的正整数n_1使得

$$\frac{1}{n_1 + 1} \leqslant \frac{C}{D} < \frac{1}{n_1},$$

特别,由$1/(n_1 + 1) < 1/(n_0 + 1)$可知$n_1 > n_0$.如果等式成立,则

$$\frac{C}{D} = \frac{A}{B} - \sum_{i=0}^{n_0} \frac{1}{i} = \frac{1}{n_1 + 1},$$

或

$$\frac{A}{B} = \sum_{i=0}^{n_0} \frac{1}{i} + \frac{1}{n_1 + 1},$$

那么结论成立.不然有

$$\frac{1}{n_1 + 1} < \frac{C}{D} < \frac{1}{n_1}. \tag{23}$$

我们类似地定义既约分数

$$\frac{E}{F} = \frac{C}{D} - \frac{1}{n_1 + 1} = \frac{C(n_1 + 1) - D}{(n_1 + 1)D},$$

由E/F的既约性可见

$$E \leqslant C(n_1 + 1) - D < C - 1, \tag{24}$$

128

并且由式(23)可知

$$0 < \frac{E}{F} < \frac{1}{n_1} - \frac{1}{n_1 + 1} = \frac{1}{n_1(n_1 + 1)}.$$

从而存在唯一的正整数n_2使得

$$\frac{1}{n_2 + 1} \leqslant \frac{E}{F} < \frac{1}{n_2}, \qquad (25)$$

并且由$1/(n_2 + 1) < 1/n_1(n_1 + 1)$可知$n_2 > n_1$.如果式(25)中等式成立,那么结论成立.不然我们有

$$\frac{1}{n_2 + 1} < \frac{E}{F} < \frac{1}{n_2}, \qquad (26)$$

此式与不等式(23)同一类型.我们类似地定义既约分数

$$\frac{G}{H} = \frac{E}{F} - \frac{1}{n_2 + 1}.$$

类似于式(24),我们有

$$G < E - 1, \qquad (27)$$

并且类似于式(25),存在唯一的正整数n_3使得

$$\frac{1}{n_3 + 1} \leqslant \frac{E}{F} < \frac{1}{n_3}.$$

其中$n_3 > n_2$.由此生产两种可能:或者上式等式成立,于是结论成立;或者继续类似地定义既约分数.由式(24)和(27)可知这些既约分数的分子每操作一次至少减少1,所以有限次操作后必出现一个既约分数,其分子等于1,即它本身具有$1/N$的形式,其中正整数N大于前面操作产生的正整数n_1,

129

$n_2, \cdots$. 于是操作过程终止, 并且可见 A/B 具有所要求的表示形式. □

定理 11.4 任何有理数 $m/n \notin \mathbb{Z}(m, n$ 互素, $n > 0)$ 都可以表示为

$$\frac{m}{n} = z + \frac{1}{q_1} + \frac{1}{q_2} + \cdots + \frac{1}{q_r}$$

的形式, 其中 $z, q_1, \cdots, q_r$ 是整数, 满足

$$0 < q_1 < q_2 < \cdots < q_r,$$

下标 $r \leqslant m - nz$; 并且当 $r \geqslant 2$ 时 $q_{k-1} \mid q_k (k = 2, \cdots, r)$.

证 因为

$$\frac{m}{n} = \left[\frac{m}{n}\right] + \left\{\frac{m}{n}\right\},$$

所以可取 $z = [m/n]$. 记 $\{m/n\} = p/q \in (0, 1)$, 其中 p, q 是互素正整数. 因为

$$\frac{p}{q} = \frac{m}{n} - z = \frac{m - nz}{n} > 0,$$

而 $(p, q) = 1, (m - nz, n) = 1$, 所以 $p = m - nz$.

只需证明

$$\frac{p}{q} = \frac{1}{q_1} + \frac{1}{q_2} + \cdots + \frac{1}{q_r},$$

其中 q_i 如题设, 并且 $r \leqslant p$. 对 p 用数学归纳法. 当 $p = 1$ 时结论是显然的. 若 $p \geqslant 2$, 设结论对于分子小于 p 的 $(0, 1)$ 中的既约分数成立, 我们来考察既约

130

分数$p/q\,(q>p)$.作除法可知$q=\alpha p+\beta$,其中$\alpha,\beta\in\mathbb{N},\alpha>1,0<\beta<p$.将此式改写为

$$q=\big((\alpha+1)-1\big)p+\big(p-(p-\beta)\big);$$

记$\lambda_0=\alpha+1\geqslant 2,k=p-\beta\in(0,p)$,则有

$$q=(\lambda_0-1)p+(p-k)=\lambda_0 p-k.$$

于是

$$p=\frac{1}{\lambda_0}(q+k),$$

从而

$$\frac{p}{q}=\frac{1}{\lambda_0}\left(1+\frac{k}{q}\right).$$

因为$0<k<p(<q)$,所以依归纳假设,有

$$\frac{k}{q}=\frac{1}{\lambda_1}+\frac{1}{\lambda_1\lambda_2}+\cdots+\frac{1}{\lambda_1\lambda_2\cdots\lambda_r}\quad(r\leqslant k),$$

其中λ_j是正整数,从而

$$\begin{aligned}
\frac{p}{q}&=\frac{1}{\lambda_0}\left(1+\frac{1}{\lambda_1}+\frac{1}{\lambda_1\lambda_2}+\cdots+\frac{1}{\lambda_1\lambda_2\cdots\lambda_r}\right)\\
&=\frac{1}{\lambda_0}+\frac{1}{\lambda_0\lambda_1}+\cdots+\frac{1}{\lambda_0\lambda_1\lambda_2\cdots\lambda_r},
\end{aligned}\tag{28}$$

这正是所要求的表示;并且

$$r+1\leqslant k+1=p-\beta+1\leqslant p.$$

于是完成归纳证明. $\qquad\square$

§ **11.4** 现在考虑无理数的(无穷)级数表示.

定理11.5 设 $\xi > 0$ 是无理数,

$$p_n/q_n = [a_0; a_1, \cdots, a_n]$$

是它的连分数展开的 n 阶渐近分数,则

$$\xi = a_0 + \sum_{n=1}^{\infty} (-1)^{n-1} \frac{1}{q_{n-1}q_n}. \qquad (29)$$

证 (i) 因为 $p_{n-1}q_n - q_{n-1}p_n = (-1)^n$ $(n \geqslant 1), p_0 = a_0, q_0 = 1$,所以

$$\frac{p_n}{q_n} = \frac{p_{n-1}}{q_{n-1}} + (-1)^{n-1} \frac{1}{q_{n-1}q_n};$$

类似地,

$$\frac{p_{n-1}}{q_{n-1}} = \frac{p_{n-2}}{q_{n-2}} + (-1)^{n-2} \frac{1}{q_{n-2}q_{n-1}};$$

等等,最后得到

$$\frac{p_1}{q_1} = \frac{p_0}{q_0} + (-1)^0 \frac{1}{q_0q_1} = \frac{a_0}{1} + \frac{1}{q_0q_1} = a_0 + \frac{1}{q_0q_1}.$$

于是得到

$$\frac{p_n}{q_n} = a_0 + \frac{1}{q_0q_1} - \frac{1}{q_1q_2} + \frac{1}{q_2q_3} - \cdots + (-1)^{n-1} \frac{1}{q_{n-1}q_n}.$$

(ii) 因为 q_n 满足递推关系

$$q_n = a_n q_{n-1} + q_{n-2} \quad (n \geqslant 2), \quad q_0 = 1, \ q_1 = a_1 \in \mathbb{N},$$

所以 q_n 单调增加到无穷,于是依交错级数收敛性的Leibniz判别法则,级数

$$\sum_{k=1}^{\infty} (-1)^{k-1} \frac{1}{q_{k-1}q_k}$$

132

收敛,即数列p_n/q_n $(n=1,2,\cdots)$收敛. 此外,由§10.1的式(9)可知

$$\lim_{n\to\infty}\frac{p_n}{q_n}=\xi.$$

于是得到式(29). □

定理11.6 若$\omega\in(0,1)$是一个无理数,则ω可唯一地表示为收敛的无穷级数形式:

$$\omega=\sum_{k=0}^{\infty}\frac{(-1)^k}{p_0p_1\cdots p_k}, \tag{30}$$

其中p_i $(i=0,1,2,\cdots)$是一个严格递增的无穷正整数列.

证 (i) 因为点$1/n$ $(n=1,2,\cdots)$将区间$(0,1]$划分为互不相交(除公共端点外)的小区间,所以若$0<\omega<1$,则ω必落在唯一的一个小区间中,从而存在唯一的正整数p使得

$$\frac{1}{p+1}<\omega<\frac{1}{p}.$$

我们令$\omega_0=\omega,p_0=p$,则有

$$\frac{1}{p_0+1}<\omega_0<\frac{1}{p_0}, \tag{31}$$

由不等式(31)的右半得到$1-p_0\omega_0>0$,由它的左半得到

$$1-p_0\omega_0<1-\frac{p_0}{p_0+1}=\frac{1}{p_0+1},$$

合起来可知

$$0<1-p_0\omega_0<\frac{1}{p_0+1}<1.$$

令

$$\omega_1 = 1 - p_0\omega_0, \tag{32}$$

那么$\omega_1 \in (0,1)$,并且是无理数.于是类似于刚才的推理,存在唯一的正整数p_1,使得

$$\frac{1}{p_1 + 1} < \omega_1 < \frac{1}{p_1}, \tag{33}$$

并且

$$0 < 1 - p_1\omega_1 < \frac{1}{p_1 + 1} < 1.$$

由式(32)和不等式(31)的左半推出

$$\omega_1 < 1 - p_0 \cdot \frac{1}{p_0 + 1} = \frac{1}{p_0 + 1},$$

由此及不等式(33)的左半可得

$$p_1 > p_0. \tag{34}$$

(ii) 上述过程显然可以延续下去.一般地,设$k \geqslant 1$.由无理数ω_{k-1}得到无理数

$$\omega_k = 1 - p_{k-1}\omega_{k-1} \in (0,1),$$

以及正整数p_k,满足

$$\frac{1}{p_k + 1} < \omega_k < \frac{1}{p_k}.$$

令

$$\omega_{k+1} = 1 - \omega_k p_k, \tag{35}$$

这是 $(0,1)$ 中的无理数. 于是可唯一定义正整数p_{k+1},满足

$$\frac{1}{p_{k+1} + 1} < \omega_{k+1} < \frac{1}{p_{k+1}}.$$

类似于步骤(i)中的推理,我们有

$$\omega_{k+1} = 1 - \omega_k p_k < 1 - \frac{1}{p_k + 1} \cdot p_k = \frac{1}{p_k + 1},$$

于是

$$\frac{1}{p_{k+1} + 1} < \frac{1}{p_k + 1},$$

从而 $p_{k+1} > p_k$. 由此及不等式 (34) 可知 $p_k(k \geqslant 1)$ 是单调递增的无穷正整数列.

(iii) 由式(32)有

$$\omega_0 = \frac{1}{p_0} - \frac{\omega_1}{p_0}.$$

一般地,由式(35)得到

$$\omega_k = \frac{1}{p_k} - \frac{\omega_{k+1}}{p_k}.$$

因此我们归纳地得到

$$
\begin{aligned}
\omega = \omega_0 &= \frac{1}{p_0} - \frac{1}{p_0} \cdot \omega_1 \\
&= \frac{1}{p_0} - \frac{1}{p_0} \cdot \left(\frac{1}{p_1} - \frac{\omega_2}{p_1} \right) \\
&= \frac{1}{p_0} - \frac{1}{p_0 p_1} + \frac{1}{p_0 p_1} \cdot \omega_2 \\
&= \frac{1}{p_0} - \frac{1}{p_0 p_1} + \frac{1}{p_0 p_1} \cdot \left(\frac{1}{p_2} - \frac{\omega_3}{p_2} \right) \\
&= \cdots \\
&= \sum_{k=0}^{N} \frac{(-1)^k}{p_0 p_1 \cdots p_k} + (-1)^{N+1} \frac{\omega_{N+1}}{p_0 p_1 \cdots p_N}.
\end{aligned}
$$

注意 $p_0 p_1 \cdots p_N \geqslant N!$, $0 < \omega_{N+1} < 1$, 所以

$$\left| (-1)^{N+1} \frac{\omega_{N+1}}{p_0 p_1 \cdots p_N} \right| \to 0 \quad (N \to \infty),$$

135

因此我们得到式(30),并且右边级数收敛.

(iv) 最后证明表达式(30)的唯一性.设还有表达式

$$\omega = \sum_{k=0}^{\infty} \frac{(-1)^k}{p_0' p_1' \cdots p_k'},$$

其中$p_i'\ (i = 0, 1, 2, \cdots)$是一个严格递增的无穷正整数列.那么

$$\omega = \frac{1}{p_0'} + \sum_{k=1}^{\infty} \frac{(-1)^k}{p_0' p_1' \cdots p_k'}$$
$$= \frac{1}{p_0'} - \left(\frac{1}{p_0' p_1'} - \frac{1}{p_0' p_1' p_2'} \right) - $$
$$\left(\frac{1}{p_0' p_1' p_2' p_3'} - \frac{1}{p_0' p_1' p_2' p_3' p_4'} \right) - \cdots,$$

因为右边各个括号中的数是正的,所以

$$\omega < \frac{1}{p_0'}. \tag{36}$$

类似地,

$$\omega = \frac{1}{p_0'} - \frac{1}{p_0' p_1'} + \sum_{k=2}^{\infty} \frac{(-1)^k}{p_0' p_1' \cdots p_k'}$$
$$= \frac{1}{p_0'} - \frac{1}{p_0' p_1'} + \left(\frac{1}{p_0' p_1' p_2'} - \frac{1}{p_0' p_1' p_2' p_3'} \right) + $$
$$\left(\frac{1}{p_0' p_1' p_2' p_3' p_4'} - \frac{1}{p_0' p_1' p_2' p_3' p_4' p_5'} \right) + \cdots,$$

因为右边各个括号中的数是正的,所以

$$\omega > \frac{1}{p_0'} - \frac{1}{p_0' p_1'} \geqslant \frac{1}{p_0'} - \frac{1}{p_0'(p_0' + 1)} = \frac{1}{p_0' + 1}.$$

由此和不等式(36)得到

$$\frac{1}{p_0' + 1} < \omega_0 < \frac{1}{p_0'}$$

这个不等式与不等式(31)是同样形式的.依步骤 (i)中所证明,p_0是唯一存在的,因此

$$p_0 = p_0'. \tag{37}$$

继续考虑

$$\omega_1 = 1 - p_0\omega_0 = 1 - p_0'\omega_0$$
$$= 1 - p_0' \sum_{k=0}^{\infty} \frac{(-1)^k}{p_0'p_1' \cdots p_k'} = \sum_{k=1}^{\infty} \frac{(-1)^{k-1}}{p_1' \cdots p_k'}.$$

类似于刚才的推理可知

$$\frac{1}{p_1' + 1} < \omega_1 < \frac{1}{p_1'}.$$

这是与式(33)同样形式的不等式,由正整数p_1的 唯一性得到

$$p_1 = p_1'. \tag{38}$$

由式(37)和(38),可归纳地推出

$$p_k = p_k' \quad (k \geqslant 0).$$

因此表示的唯一性得证. □

例11.8 对于$\omega = \sqrt{2}/2 = 1/\sqrt{2}$,我们有

$$\frac{1}{2} < \omega_0 < \frac{1}{1},$$

因此$p - 0 = 1(= [\sqrt{2}])$.因为
$$\omega_1 = 1 - p_0\omega_0 = 1 - \frac{\sqrt{2}}{2} = \frac{1}{2 + \sqrt{2}},$$
所以
$$\frac{1}{4} < \omega_0 < \frac{1}{3},$$
因此$p_1 = 3(= [2 + \sqrt{2}])$.类似地,
$$\omega_2 = 1 - p_1\omega_1 = \frac{1}{4 + 3\sqrt{2}},$$
因此$p_2 = 8(= [4 + 3\sqrt{2}])$,等等(读者不难发现规律).

§11.5 由式 (28) 和 (30) 可以看出有理数和无理数的级数表达式的类似之处. 实际上,我们可以统一地考虑实数的级数表示.我们列举(不加证明)文献中的一些有关结果如下:

1° (G.Cantor,1869) 设$a_1, a_2, \cdots \geq 2$是整数,那么每个实数α可以唯一地表示为
$$\alpha = c_0 + \sum_{k=1}^{\infty} \frac{c_k}{a_1 a_2 \cdots a_k},$$
其中所有c_k都是整数,$0 \leq c_k \leq a_k - 1 \, (k \geq 1)$,并且存在无穷多个下标$k \geq 1$使得$c_k < a_k - 1$.

易见,每个上述形式的级数都是收敛的,并且若取所有$a_k = 10$,则得到平常的十进表示.

推论:如果在上述表示中,每个素数p都整除无穷多个a_k,那么当且仅当对无穷多个下标$k, c_k \geq 1$时,α是无理数.

138

例 11.9 (i) 取所有 $a_k = k+1, c_k = 1$, 可知

$$\mathrm{e} = 2 + \sum_{k=2}^{\infty} \frac{1}{k!}$$

是无理数(参见例9.2,特例1°).

(ii) 设 F_k 是Fibonacci数,则

$$\alpha = \sum_{k=1}^{\infty} \frac{1}{F_1 F_2 \cdots F_k}$$

是无理数(参见例9.2,特例2°).

2° (J.J.Sylvester,1880) 每个实数 α 可以唯一地表示为

$$\alpha = c + \sum_{k=1}^{\infty} \frac{1}{a_k},$$

其中 c 是一个整数,$a_1, a_2, \cdots \geqslant 2$ 是满足

$$a_{k+1} > (a_k - 1)a_k$$

的整数.

易见上述级数收敛,并且有下列:

推论: 当且仅当存在无穷多个下标 k 使得

$$a_{k+1} > (a_k - 1)a_k$$

时,α 是无理数.

例 11.10 级数

$$\alpha = \sum_{k=0}^{\infty} 2^{-2^k}$$

139

的值是无理数(参见例9.2,特例3°).

3° (J.Lüroth,1883)　每个实数 α 可以唯一地表示为

$$\alpha = c + \frac{1}{a_1} + \sum_{k=1}^{\infty} \frac{1}{(a_1-1)a_1(a_2-1)a_2\cdots(a_k-1)a_k} \cdot \frac{1}{a_{k+1}},$$

其中 c 是一个整数, $a_1, a_2, \cdots \geqslant 2$ 都是整数.

显然,定理的条件蕴涵级数的收敛性.我们有:

推论: 当且仅当 $a_1, a_2, \cdots$ 不是周期数列时, α 是无理数.

4° (F.Engel,1913)　每个实数 α 可以唯一地表示为

$$\alpha = c + \sum_{k=1}^{\infty} \frac{1}{a_1 a_2 \cdots a_k},$$

其中 c 是一个整数,并且 $2 \leqslant a_1 \leqslant a_2 \leqslant \cdots$ 都是整数.

上述级数显然收敛.还有:

推论: 当且仅当 $\lim\limits_{k\to\infty} a_k = \infty$ 时, α 是无理数.

例 11.11　下列级数的值是无理数:

(i)　$\alpha = \sum\limits_{k=1}^{\infty} \dfrac{1}{p_1 p_2 \cdots p_k}$, 其中

$$2 = p_1 < p_2 < \cdots$$

是所有素数的序列(参见例9.2,特例2°).

(ii) $\alpha = \sum\limits_{k=1}^{\infty} \dfrac{1}{|E_2 E_4 \cdots E_{2k}|}$,其中$E_2, E_4, \cdots$是Euler数(参见例9.2,特例4°).

(iii) $\alpha_s = \sum\limits_{k=1}^{\infty} d^{-k^s}$ $(s = 2, 3, \cdots)$,其中$d \geqslant 2$是给定整数(对于α_2,参见例9.2,特例3°).

5° 1971年J.L.Brown给出一个关于用级数表示实数的一般性结果, 由此可以推出:

(i) 每个实数$x \in (0,1)$可以唯一地表示为

$$x = \sum_{k=1}^{\infty} 2^{-n_k}$$

的形式,其中整数$1 \leqslant n_1 < n_2 < \cdots$(即二进小数表示).

(ii) 每个实数$x > 0$可以表示为

$$x = \sum_{k=1}^{\infty} \frac{1}{n_k}$$

的形式,其中整数$1 \leqslant n_1 < n_2 < \cdots$(在有理数$x$的情形,参见定理11.3).

(iii) 每个实数$x > 0$可以表示为

$$x = \sum_{k=1}^{\infty} p_{i_k}^{-1},$$

其中$2 = p_1 < p_2 < \cdots$是所有素数的序列,$p_{i_1} < p_{i_2} < \cdots$是其某个子列.

(iv)　对于每个实数 $x > 0$ 存在唯一的整数 $m \geqslant 1$,使得 x 可表示为

$$x = \sum_{k=1}^{\infty} F_{i_k}^{-1/m},$$

但不能表示为

$$x = \sum_{k=1}^{\infty} F_{i_k}^{-1/(m-1)},$$

其中 $F_{i_k}(k \geqslant 1)$ 是 Fibinacci 数列 F_n 的某个子列.

第 12 章　无理性指数:无理性的定量刻画

§12.1　上面各节中,我们基于无理数的定义,讨论了一个实数ξ是无理数的三个充分必要条件:

(1)　ξ的十进表示是无限不循环(或非周期)的;

(2)　对于任何给定的$\varepsilon > 0$,不等式$0 < |x\xi - y| < \varepsilon$有整数解$x, y$(即$0 < |x\xi - y| < \varepsilon$在整数集合中是可解的);

(3)　ξ的连分数展开式是无限的.

它们给出无理性的三种定性刻画.现在考虑无理性的定量刻画问题.这可采用不同的方式讨论.在文献中人们常用"无理性指数"作为无理性的度量. 实数ξ的无理性指数 $\mu = \mu(\xi)$定义为$\mu = \inf\{\nu \mid |\xi - \frac{p}{q}| \leqslant q^{-\nu}$ 仅有有限多个有理解$p/q(q > 0)\}$ (对于有理解p/q可以限定p, q互素).

定理12.1　对于任何有理数ξ有$\mu(\xi) = 1$; 对于任何无理数ξ有$\mu(\xi) \geqslant 2$.特别,实数ξ是无理数,当且仅当$\mu(\xi) \neq 1$(或$\mu(\xi) \geqslant 2$).

证　由定理9.2可知:对于无理数$\xi, \mu(\xi) \geqslant 2$.现在设$\xi$是有理数.令$\xi = a/b$,其中$a, b$是互素整数,$b > 0$.那么可以找到非零整数$r, s$使$ar - bs = 1$(见[12], p.21),从而

$$a(r - bt) - b(s - at) = 1 \quad (t \in \mathbb{Z}).$$

由此推知存在无限多对互素整数(p, q)(其中$q >$

$0)$,使$|aq-bp|=1$,因而

$$|\xi-\frac{p}{q}|=\frac{|aq-bp|}{bq}\leqslant\frac{1}{q}.$$

于是不等式

$$\left|\frac{a}{b}-\frac{p}{q}\right|\leqslant\frac{1}{q}$$

有无限多个有理解p/q(其中p,q互素,且$q>0$),从而

$$\mu\left(\frac{a}{b}\right)\geqslant 1. \tag{1}$$

另外,对于任何给定的$\varepsilon>0$,考虑不等式

$$\left|\frac{a}{b}-\frac{p}{q}\right|\leqslant q^{-(1+\varepsilon)}, \tag{2}$$

其中$p/q\neq a/b$,则得

$$\frac{1}{q^{1+\varepsilon}}\geqslant\frac{|bp-aq|}{bq}\geqslant\frac{1}{bq},$$

于是$q\leqslant b^{1/\varepsilon}$.此外,由式(2)推出

$$\left|\frac{p}{q}\right|\leqslant\frac{1}{q^{1+\varepsilon}}+\left|\frac{a}{b}\right|,$$

$$|p|\leqslant q\left(\frac{1}{q^{1+\varepsilon}}+\left|\frac{a}{b}\right|\right)\leqslant b^{1/\varepsilon}\left(1+\left|\frac{a}{b}\right|\right).$$

因此对于每个给定的$\varepsilon>0$,满足式(2)的互素整数对(p,q)的个数有限,从而$\mu(a/b)\leqslant 1+\varepsilon$.因为$\varepsilon$任意小,所以$\mu(a/b)\leqslant 1$. 由此及式(1)即知$\mu(a/b)=1$. $\qquad\qquad\square$

§12.2 下面给出三个关于估计无理性指数的简单引理.

引理 12.1 设 ξ 是一个实数,$p_n/q_n(n \geqslant 1)$ 是一个无穷有理数列,当 n 充分大时 q_n 单调递增且满足

$$q_n < q_{n-1}^{1+\sigma},$$

$$0 < \left| \xi - \frac{p_n}{q_n} \right| < \frac{1}{q_n^{1+\delta}},$$

其中 $\delta > 0, 0 < \sigma < \delta$,那么 ξ 的无理性指数

$$\mu(\xi) \leqslant \frac{1+\delta}{\delta - \sigma}.$$

证 由定理9.3的推论1可知 ξ 是无理数.设 $\tau = \mu(\xi) - \varepsilon_1$,其中 $\varepsilon_1 > 0$ 足够小使 $\tau > 0$.于是不等式

$$\left| \xi - \frac{p}{q} \right| \leqslant \frac{1}{q^\tau}.$$

有无限多个有理解 p/q,取定其中之一,并取 n 适合

$$q_{n-1}^{1+\delta} \leqslant q^\tau < q_n^{1+\delta}.$$

我们有

$$
\begin{aligned}
\frac{1}{qq_n} &\leqslant \left| \frac{p}{q} - \frac{p_n}{q_n} \right| \leqslant \left| \xi - \frac{p_n}{q_n} \right| + \left| \xi - \frac{p}{q} \right| \\
&\leqslant \frac{1}{q_n^{1+\delta}} + \frac{1}{q^\tau} < \frac{2}{q^\tau}.
\end{aligned}
$$

由此得到

$$\frac{1}{2} q^\tau < qq_n < qq_{n-1}^{1+\sigma} < q^{1+\tau(1+\sigma)/(1+\delta)},$$

因此

$$\tau < \frac{1+\delta}{\delta - \sigma} + C_1 (\log q)^{-1}$$

145

$(C_1 > 0$是常数). 因为τ可以任意接近$\mu(\xi)$,而q可以任意大,于是得到所要的不等式. □

引理 12.2 设对于实数ξ,存在有理数列

$$p_n/q_n(n = 1, 2, \cdots),$$

具有下列性质:

$$|q_n\xi - p_n| \leqslant \frac{c}{g(n)} \quad (n \geqslant 1), \tag{3}$$

$$q_np_{n+1} - q_{n+1}p_n \neq 0, \quad |q_n| \leqslant k\big(g(n)\big)^a \quad (n \geqslant 1), \tag{4}$$

其中$g(n)$是定义在$\mathbb{N}_0$上的单调增加的正函数,满足条件

$$g(0) = 1, \quad \lim_{n \to \infty} g(n) = \infty, \tag{5}$$

$$g(n + 1) \leqslant bg(n)^\lambda \quad (n \geqslant 0), \tag{6}$$

并且$a > 0, b > 0, c > 0, k > 0, \lambda \geqslant 1$是一些常数.那么

$$\mu(\xi) \leqslant a\lambda^2 + 1. \tag{7}$$

证 我们来证明:对于任何有理数$p/q(q > 0)$有

$$\left|\xi - \frac{p}{q}\right| > \frac{C}{q^{a\lambda^2+1}}, \tag{8}$$

其中$C > 0$是仅与a, b, c, k, λ有关的常数,由此即可得到不等式(7).

(i) 设任意给定$p \in \mathbb{Z}, q \in \mathbb{N}$.令

$$c_0 = [c^{-1}] + 2 \ (\in \mathbb{N}),$$

146

则 $c > 1/c_0$. 由 $g(n)$ 的单调性及式(5)可知存在最小的正整数 ν 满足

$$\frac{qc}{g(\nu)} < \frac{1}{c_0}. \tag{9}$$

因为 $q \geqslant 1, g(0) = 1, cc_0 > 1$,所以 $\nu \geqslant 1$,从而总有

$$\frac{qc}{g(\nu-1)} \geqslant \frac{1}{c_0},$$

也就是 $g(\nu-1) \leqslant c_0 qc$.由此及式(6)推出

$$g(\nu) \leqslant b\big(g(\nu-1)\big)^\lambda \leqslant b(c_0 qc)^\lambda.$$

再次应用不等式(6),有

$$g(\nu+1) \leqslant b\big(g(\nu)\big)^\lambda \leqslant b\big(b(c_0 qc)^\lambda\big)^\lambda = b^{\lambda+1}(c_0 qc)^{\lambda^2};$$

注意 g 的单调性,我们得到

$$g(\nu) \leqslant g(\nu+1) \leqslant b^{\lambda+1}(c_0 qc)^{\lambda^2}. \tag{10}$$

(ii) 由(4)中第一式可知行列式

$$\begin{vmatrix} q_\nu & p_\nu \\ q_{\nu+1} & p_{\nu+1} \end{vmatrix} \neq 0,$$

因此方程组

$$q_\nu x - p_\nu y = 0, q_{\nu+1} x - p_{\nu+1} y = 0$$

只有零解,从而 (p, q) 不是这个方程组的解,于是

$$\begin{vmatrix} q_\nu & p_\nu \\ q & p \end{vmatrix}, \quad \begin{vmatrix} q_{\nu+1} & p_{\nu+1} \\ q & p \end{vmatrix}$$

147

中至少有一个不为零.取 $m = \nu$ 或 $\nu + 1$,使得

$$\delta_m = \begin{vmatrix} q_m & p_m \\ q & p \end{vmatrix} \neq 0.$$

于是 $\delta_m \in \mathbb{Z}$.由此可知

$$|q(q_m\xi - p_m) - q_m(q\xi - p)| = |pq_m - qp_m| = |\delta_m| \geqslant 1,$$

从而

$$q|q_m\xi - p_m| + |q_m||q\xi - p| \geqslant 1. \qquad (11)$$

又由不等式(3)和(9),并且注意 $m \geqslant \nu$,我们有

$$q|q_m\xi - p_m| \leqslant \frac{qc}{g(m)} \leqslant \frac{qc}{g(\nu)} < \frac{1}{c_0}.$$

由此及式(11)可知

$$|q_m||q\xi - p| > 1 - \frac{1}{c_0} = \frac{c_0 - 1}{c_0}.$$

由此及(4)中的第二式得到

$$|q\xi - p| > \frac{c_0 - 1}{c_0|q_m|} \geqslant \frac{c_0 - 1}{c_0 k\big(g(m)\big)^a},$$

最后应用不等式(10),并且注意 $m \in \{\nu, \nu + 1\}$,即可推出不等式(8). $\qquad \square$

引理 12.3 设对于实数 ξ,存在一个无穷点列 $(p_n, q_n) \in \mathbb{Z}^2 \ (n = 0, 1, 2, \cdots)$,具有下列性质:

(a) $\quad c_1 Q_1^{-n} \leqslant |q_n\xi - p_n| \leqslant c_2 Q_2^{-n} \quad (n \geqslant 0)$,

(b) $\quad |q_n| \leqslant c_3 Q_3^n \quad (n \geqslant 0)$,

148

其中$c_1, c_2, c_3, Q_1, Q_2, Q_3$是一些常数,满足

$$c_2 \geqslant 1 > c_1 > 0, \; c_3 > 0, \; Q_1 \geqslant Q_2 > 1, \; Q_3 > 1.$$

那么

$$\mu(\xi) \leqslant \frac{\log(Q_1 Q_3)}{\log Q_2}.$$

证 我们来证明:对于任何有理数$p/q(q > 0)$有

$$\left| \xi - \frac{p}{q} \right| > \frac{C}{q^{\log(Q_1 Q_3)/\log Q_2}}, \tag{12}$$

其中$C > 0$是仅与c_j, Q_j有关的常数,由此即可得到$\mu(\xi)$的估值.

(i) 设任意给定$p \in \mathbb{Z}, q \in \mathbb{N}$.令$\nu$是使得

$$|q_n \xi - p_n| < \frac{c_1}{q} \tag{13}$$

成立的最小整数.因为由引理条件(a)可知

$$\lim_{n \to \infty} |q_n \xi - p_n| = 0,$$

所以ν存在,并且$\nu \geqslant 1$.

如果$q_\nu = 0$,那么由式(13)可知

$$|p_\nu| < c_1/q < 1,$$

从而$p_\nu = 0$,进而由题中条件(a) 得到

$$c_1 Q_1^{-n} \leqslant 0,$$

这不可能.因此$q_\nu \neq 0$.

149

由ν的最小性及条件(a)可知

$$\frac{c_1}{q} \leqslant |q_{\nu-1}\xi - p_{\nu-1}| \leqslant c_2 Q_2^{-(\nu-1)},$$

于是

$$\nu \leqslant \frac{\log(c_2 q/c_1)}{\log Q_2} + 1. \tag{14}$$

(ii) 若$q_\nu p - p_\nu q = 0$,则

$$q_\nu(p - q\xi) + q(q_\nu \xi - p_\nu) = q_\nu p - p_\nu q = 0,$$

于是

$$\left|\xi - \frac{p}{q}\right| = \frac{|q_\nu \xi - p_\nu|}{|q_\nu|} \geqslant \frac{c_1 Q_1^{-\nu}}{|q_\nu|}.$$

由此及条件(b)和式(14)可得

$$\begin{aligned}
\left|\xi - \frac{p}{q}\right| &\geqslant \frac{c_1}{c_3}(Q_3 Q_1)^{-\nu} \\
&\geqslant \frac{c_1}{c_3}(Q_3 Q_1)^{-\log(c_2 q/c_1)/\log Q_2 - 1}.
\end{aligned}$$

因为

$$\frac{\log(c_2 q/c_1)}{\log Q_2} = \frac{\log(c_2/c_1)}{\log Q_2} + \frac{\log q}{\log Q_2},$$

所以

$$\begin{aligned}
\left|\xi - \frac{p}{q}\right| &\geqslant \frac{c_1}{c_3}(Q_3 Q_1)^{-\log(c_2/c_1)/\log Q_2 - 1} \cdot \\
&\quad (Q_3 Q_1)^{-\log q/\log Q_2}.
\end{aligned}$$

若记$(Q_3 Q_1)^{-\log q/\log Q_2} = q^a$,则

$$-\frac{\log q}{\log Q_2}\log(Q_3 Q_1) = a \log q,$$

150

于是 $a = -\log(Q_3 Q_1)/\log Q_2$,从而得到

$$\left| \xi - \frac{p}{q} \right| \geqslant \frac{c_1}{c_3}(Q_3 Q_1)^{-\log(c_2/c_1)/\log Q_2 - 1} \cdot$$
$$q^{-\log(Q_1 Q_3)/\log Q_2}. \qquad (15)$$

(iii)   若 $q_\nu p - p_\nu q \neq 0$,则

$$|q_\nu(p - q\xi) + q(q_\nu\xi - p_\nu)| = |q_\nu p - p_\nu q| \geqslant 1,$$

因而

$$|q_\nu||p - q\xi| + q|q_\nu\xi - p_\nu| \geqslant 1. \qquad (16)$$

由 ν 的定义,注意式(13)(其中 $n = \nu$),我们有

$$q|q_\nu\xi - p_\nu| < c_1,$$

于是由式(16)推出

$$|q_\nu||p - q\xi| \geqslant 1 - q|q_\nu\xi - p_\nu| > 1 - c_1,$$

从而

$$\left| \xi - \frac{p}{q} \right| \geqslant \frac{1 - c_1}{q|q_\nu|}.$$

由此及条件(b)和式(14)得到

$$\left| \xi - \frac{p}{q} \right|$$
$$\geqslant \frac{1 - c_1}{c_3} Q_3^{-\nu}$$
$$\geqslant \frac{1 - c_1}{qc_3} Q_3^{-\log(c_2 q/c_1)/\log Q_2 - 1}$$
$$= \frac{1 - c_1}{c_3} Q_3^{-\log(c_2/c_1)/\log Q_2 - 1} \cdot q^{-\log Q_3/\log Q_2 - 1}.$$

注意$Q_3Q_1 \geqslant Q_3Q_2$,所以

$$\left|\xi - \frac{p}{q}\right| \geqslant \frac{1-c_1}{c_3} Q_3^{-\log(c_2/c_1)/\log Q_2 - 1} \cdot q^{-\log(Q_1Q_3)/\log Q_2}.$$
(17)

由式(15)和(17)即得不等式(12). □

§12.3 现在给出一些关于无理性度量的记录,并且描述性地给出建立某些无理性度量结果的基本步骤.

例12.1 文献中有许多关于e和e^r(其中$r \neq 0$为有理数)的有理逼近的下界估计结果.例如,1971年P.Bundschuh证明了:对任何给定的$\varepsilon > 0$存在常数$c = c(r, \varepsilon) > 0$,使对所有整数$p, q(q > 0)$有

$$\left|e^r - \frac{p}{q}\right| > \frac{c}{q^{2+\varepsilon}},$$

由此及定理12.1可得$\mu(e^r) = 2$.与此有关的结果和文献可见[11].

下面给出$\mu(e) = 2$的证明概要.依据超几何函数理论可以证明:对于任何$(m, n) \in \mathbb{N}^2$,及$x \in \mathbb{C}$,有

$$\begin{aligned}
&{}_1F_1\left(\begin{array}{c} -m \\ -m-n \end{array}\middle| -x\right) e^x - {}_1F_1\left(\begin{array}{c} -n \\ -m-n \end{array}\middle| x\right) \\
&= \frac{(-1)^m x^{m+n+1}}{\binom{m+n}{m}(m+n+1)!} {}_1F_1\left(\begin{array}{c} m+1 \\ n+m+2 \end{array}\middle| x\right),
\end{aligned}$$

152

取$m = n$,得到

$$
{}_1F_1\left(\begin{array}{c}-n\\-2n\end{array}\middle|-x\right)\mathrm{e}^x - {}_1F_1\left(\begin{array}{c}-n\\-2n\end{array}\middle|x\right)
$$

$$
= \frac{(-1)^n x^{2n+1}}{\binom{2n}{n}(2n+1)!}\,{}_1F_1\left(\begin{array}{c}n+1\\2n+2\end{array}\middle|x\right).
$$

由此可推出

$$
|q_n\mathrm{e} - p_n| \leqslant \frac{\mathrm{e}}{n!} \quad (n = 1, 2, \cdots),
$$

其中整数

$$
p_n = \frac{(2n)!}{n!}\,{}_1F_1\left(\begin{array}{c}-n\\-2n\end{array}\middle|1\right),
$$

$$
q_n = \frac{(2n)!}{n!}\,{}_1F_1\left(\begin{array}{c}-n\\-2n\end{array}\middle|-1\right),
$$

并且$q_n p_{n+1} - p_n q_{n+1} \neq 0$(参见,例如,[10]的第8章).

在引理12.2中取$g(n) = n!$.因为对于任何$\eta > 0$,

$$
\lim_{n\to\infty} \frac{(n+1)!}{(n!)^{1+\eta}} = 0,
$$

所以存在常数$\beta = \beta(\eta) > 0$使得

$$
g(n+1) \leqslant \beta(g(n))^{1+\eta} \quad (\eta > 0).
$$

我们还有

$$
\left|{}_1F_1\left(\begin{array}{c}-n\\-2n\end{array}\middle|-1\right)\right|
$$

$$
\leqslant \sum_{k=0}^n \frac{n(n-1)\cdots(n-k+1)}{2n(2n-1)\cdots(2n-k+1)k!}
$$

$$
\leqslant \sum_{k=0}^n \frac{1}{k!} \leqslant \mathrm{e}.
$$

153

注意,由$(1+x)^{2n} = \sum\limits_{k=0}^{2n} \binom{2n}{k} x^k$可知$\sum\limits_{k=0}^{2n} \binom{2n}{k} = 4^n$,从而$\binom{2n}{n} \leqslant 4^n$. 于是我们推出

$$|q_n| \leqslant \mathrm{e}\frac{(2n)!}{n!} = \mathrm{e}\binom{2n}{n}n! \leqslant \mathrm{e}4^n n!.$$

此外,因为当任何$\eta > 0$,

$$\lim_{n\to\infty} \frac{4^n n!}{(n!)^{1+\eta}} = 0,$$

所以存在常数$\gamma = \gamma(\eta) > 0$,使得

$$4^n n! \leqslant \gamma(n!)^{1+\eta}.$$

因此我们最终得到

$$|q_n| \leqslant \mathrm{e}k(n!)^{1+\eta} = \mathrm{e}\gamma\big(g(n)\big)^{1+\eta}.$$

于是引理12.2的所有条件都满足,我们得到

$$\mu(\mathrm{e}) \leqslant (1+\eta)^3 + 1.$$

注意$\lim\limits_{\eta\to 0}(1+\eta)^3 = 1$,对于任意给定的$\varepsilon > 0$,我们可以选取$\eta > 0$使得$\mu(\mathrm{e}) \leqslant 2+\varepsilon$.由此及定理12.1即知$\mu(\mathrm{e}) = 2$.

例 12.2 1953年,K.Mahler证明了:对每个有理数p/q有

$$\left|\pi - \frac{p}{q}\right| > q^{-42},$$

而当q足够大时,上式右边可换为q^{-30},因此

$$\mu(\pi) \leqslant 30.$$

1974年,M.Mignotte将它改进为$\mu(\pi) \leqslant 20$,还证明了$\mu(\pi^2) \leqslant 17.8$. 直到1982年,G.V.Chudnovsky 将 $\mu(\pi)$稍微改进为

$$\mu(\pi) \leqslant 5 - 5\frac{\log\left(e^5\left(2\cos(\pi/24)\right)^6\right)}{\log\left(e^5\left(2\sin(\pi/24)\right)^6\right)}$$
$$= 19.889\,999\,444\cdots.$$

1993年,M.Hata进一步将它改进为

$$\mu(\pi) \leqslant 8.016\,045\,39\cdots.$$

迄今为止,$\mu(\pi)$和$\mu(\pi^2)$的最佳记录分别是:

$$\mu(\pi) \leqslant 7.606\,308\,52\cdots$$

(2008年,V.Kh.Salikhov);

$$\mu(\pi^2) \leqslant 5.441\,242\,50\cdots$$

(1996年,G.Rhin和C.Viola).

因为$\zeta(2) = \pi^2/6$,所以 $\zeta(2)$ 的有理逼近结果(见本书§14)提供一种估计$\mu(\pi^2)$和$\mu(\pi)$的方法(参见文献[8]和[10]).

例12.3 应用分析工具(如Padé逼近,超几何级数以及连分式等),G.V.Chudnovsky给出一些特殊数的无理性指数的上界估计.例如:

$$\mu(\sqrt[3]{2}) \leqslant 2.429\,709\,513\cdots,$$
$$\mu(\sqrt[3]{3}) \leqslant 2.692\,661\,368\cdots,$$
$$\mu(\sqrt[3]{17}) \leqslant 2.198\,220\,241\cdots,$$
$$\mu(\pi\sqrt{3}) \leqslant 1 - \frac{\log(2+\sqrt{3})+1}{\log(2-\sqrt{3})-1} = 8.309\,986\,34\cdots,$$
$$\mu(\log 2) \leqslant 4.134\,400\,029\cdots,$$

等等.类似的结果和有关的改进记录,则不胜枚举.

注12.1 Padé逼近经常应用于无理数研究. 设$f_1(z),\cdots,f_k(z)$ 是一组函数,在$z=0$附近解析, $f_1(0)\neq 0$.如果多项式$P_1(z),\cdots,P_k(z)$的次数分别为$n_1,\cdots,n_k$,并且满足

$$P_1(z)f_1(z)+\cdots+P_k(z)f_k(z)=O(z^{N+k-1}),$$

其中$N=\sum_{j=1}^{k}n_j$,那么称$P_1(z),\cdots,P_k(z)$给出

$$f_1(z),\cdots,f_k(z)$$

的第一类型的Padé逼近.如果多项式$P_1(z),\cdots,$ $P_k(z)$的次数分别为$N-n_1,\cdots,N-n_k\Big($其中$N=\sum_{j=1}^{k}n_j\Big)$,并且满足

$$P_i(z)f_j(z)-P_j(z)f_i(z)=O(z^{N+1})\quad(i,j=1,\cdots,k)$$

那么称$P_1(z),\cdots,P_k(z)$给出$f_1(z),\cdots,f_k(z)$的第二类型的Padé逼近.特别,当$k=2$时,这两种逼近形式是一样的,即成为对于$f_2(z)/f_1(z)$ 的经典的Padé表.例如,对于多对数函数

$$L_s(z)=\sum_{n=1}^{\infty}\frac{z^n}{n^s}\quad(s=1,2,\cdots),$$

(也记作$Li_s(z)$),其中当$s=1$时$|z|<1$,当$s>1$时$|z|\leqslant 1$. 它可以归入某种超几何级数.特别,我们有

$$L_1(z)=-\log(1-z)=\int_0^z\frac{\mathrm{d}z}{1-t},$$

以及 $L_2(1) = \zeta(2), L_3(1) = \zeta(3)$,等等.我们可以构造四个 n 次多项式 $A_n(z), B_n(z), C_n(z)$ 及 $D_n(z)$ 满足

$$A_n(z)L_2(z) + B_n(z)L_1(z) + C_n(z) = O(z^{2n+1}),$$

$$2A_n(z)L_3(z) + B_n(z)L_2(z) + D_n(z) = O(z^{2n+1}),$$

并且 $B_n(1) = 0$.在其中令 $z = 1$,即可推出关于 $\zeta(3)$ 的有理逼近的上界估计,从而给出无理性结果.

例 12.4 作为示例,我们给出 $\mu(\pi/\sqrt{3})$ 的历次记录:

$\mu(\pi/\sqrt{3}) \leqslant 9.35\cdots,$ (1978 年,L.V.Danilov);

$\mu(\pi/\sqrt{3}) \leqslant 8.309\,9\cdots,$

(1980年,K.Alladi, M.L.Robinson);

$\mu(\pi/\sqrt{3}) \leqslant 5.792\,613\,804\cdots,$

(1984年,D.V.and G.V.Chudnovsky);

$\mu(\pi/\sqrt{3}) \leqslant 5.516\cdots,$ (1987年,A.K.Dubickas);

$\mu(\pi/\sqrt{3}) \leqslant 5.0871\cdots,$ (1990年,M.Hata);

$\mu(\pi/\sqrt{3}) \leqslant 4.97\cdots,$ (1987 年,G.Rhin);

$\mu(\pi/\sqrt{3}) \leqslant 4.601\,5\cdots,$ (1993年,M.Hata);

$\mu(\pi/\sqrt{3}) \leqslant 4.601\,057\cdots,$ (2011年,V.A.Andro-

senko,V.Kh.Salikhov).

目前最新记录的保持者是V.A.Androsenko (2015 年):

$$\mu(\pi/\sqrt{3}) \leqslant 4.230\,464\cdots.$$

例 12.5 设 $q \in \mathbb{Z}, |q| \geqslant 2$,以及 $r \in \mathbb{N}, r \geqslant 2$,令

$$\xi = \xi(r) = \sum_{k=0}^{\infty} q^{-r^k}$$

(参见例11.6).我们来估计 $\mu(\xi)$.

对于 $n \in \mathbb{N}$,

$$\left| q^{r^n} \xi - \sum_{k=0}^{n} q^{r^n - r^k} \right|$$

$$\leqslant |q|^{r^n} \sum_{k=n+1}^{\infty} |q|^{-r^k}$$

$$\leqslant |q|^{r^n} \sum_{k=r^{n+1}}^{\infty} |q|^{-k}$$

$$\leqslant \frac{|q|}{|q|-1} \cdot \frac{1}{|q|^{(r-1)r^n}}$$

$$< \frac{|q|}{|q|-1} \cdot \frac{|q|^{r-1}}{|q|^{(r-1)r^n}}.$$

在引理12.2中取

$$p_n = \sum_{k=0}^{n} q^{r^n - r^k}, \quad q_n = q^{r^n}, \quad g(n) = \frac{|q|^{(r-1)r^n}}{|q|^{r-1}},$$

以及常数

$$a = \frac{1}{r-1}, \quad b = |q|^{(r-1)^2},$$

$$c = \frac{|q|}{|q|-1}, \quad k = |q|, \quad \lambda = r,$$

可得

$$\mu(\xi) \leqslant \frac{r^2}{r-1} + 1.$$

158

下面例子给出另一种形式的无理性度量.

例 12.6 设无理数 α 不是整系数二次方程的根,令 $\mu_2(\alpha) = \inf\{\kappa \mid |\alpha - \beta| < H(\beta)^{-\kappa}$ 被无穷多个二次无理数 β 满足$\}$, 其中 $H(\beta)$ 是 β 的高,即它所满足的不可约整系数多项式的系数绝对值的最大值. 我们将 $\mu_2(\alpha)$ 称作 α 的二次无理性指数.2000年,M.Hata给出

$$\mu_2(\log 2) \leqslant 25.046\,3\cdots.$$

R.Marcovecchio(2009年)和A.A.Polyanskii(2012年)用不同的方法将上述记录刷新为

$$\mu_2(\log 2) \leqslant 15.651\,420\,25\cdots.$$

第 13 章　无理性的扩充:线性无关性

§ **13.1**　我们再回到 $\sqrt{2}$.因为对于任何非零整数 p, q,不可能有 $\sqrt{2} = p/q$,因此

$$q\sqrt{2} - p = 0$$

不可能成立.换言之,由 $q\sqrt{2} - p \cdot 1 = 0$ 必定推出 $p, q = 0$.这是由 $\sqrt{2}$ 的无理性导致的一种现象.实际上,这也是数的无理性的特征.

一般地,若 $r \geqslant 2$,对于实(或复)数 $a_1, \cdots, a_r$,线性关系

$$c_1 a_1 + \cdots + c_r a_r = 0, \quad c_1, \cdots, c_r \in \mathbb{Q}$$

蕴涵

$$c_1 = \cdots = c_r = 0,$$

则称 $a_1, \cdots, a_r$ 在 $\mathbb{Q}$ 上线性无关;不然,称它们在 $\mathbb{Q}$ 上线性相关.

等价地,若不存在不全为零的有理数 $c_1, \cdots, c_r$,使线性组合

$$c_1 a_1 + \cdots + c_r a_r = 0,$$

则称 $a_1, \cdots, a_r$ 在 $\mathbb{Q}$ 上线性无关;不然,称它们在 $\mathbb{Q}$ 上线性相关.

对于 $r (\geqslant 2)$ 个有理数 $p_1/q_1, p_2/q_2, \cdots, p_r/q_r$,有线性关系

$$(q_1 p_2) \cdot \frac{p_1}{q_1} + (-q_2 p_1) \cdot \frac{p_2}{q_2} + 0 \cdot \frac{p_3}{q_3} + \cdots + 0 \cdot \frac{p_r}{q_r} = 0,$$

因此,有理数$p_1/q_1, p_2/q_2, \cdots, p_r/q_r$在$\mathbb{Q}$上线性相关.由此可知,若实数$a_1, \cdots, a_r(r \geqslant 2)$在$\mathbb{Q}$上线性无关,则其中一定存在无理数.因此在$\mathbb{Q}$上的线性无关性是无理性概念的扩充.

依据我们开始时所做的分析可知,$\sqrt{2}$的无理性也可等价地表述为$1, \sqrt{2}$在$\mathbb{Q}$上线性无关.一般地,实数θ是无理数,等价于$1, \theta$在$\mathbb{Q}$上线性无关.

例13.1 证明:若实数$\theta_1, \cdots, \theta_s$在$\mathbb{Q}$上线性无关,则$\{\theta_i(i = 1, \cdots, s)\}$的任何非空子集中的数在$\mathbb{Q}$上线性无关.

证 用反证法.不妨设$\theta_1, \cdots, \theta_t(t < s)$在$\mathbb{Q}$上线性相关,那么有不全为零的整数$a_1, \cdots, a_t$使得

$$a_1\theta_1 + \cdots + a_s\theta_t = 0,$$

于是

$$a_1\theta_1 + \cdots + a_s\theta_t + 0 \cdot \theta_{t+1} + \cdots + 0 \cdot \theta_s = 0,$$

因此$\theta_1, \cdots, \theta_s$在$\mathbb{Q}$上线性相关,此不可能.

例13.2 证明:若$\theta_i(i = 1, \cdots, n)$是实数,$1, \theta_1, \cdots, \theta_n$在$\mathbb{Q}$上线性无关,则$\theta_i(i = 1, \cdots, n)$都是无理数.

证 若$\theta_i(i = 1, \cdots, n)$中有一个是有理数,不妨设$\theta_1 = p/q$,其中$p, q$是互素整数,$q > 0$.那么

$$(-p) \cdot 1 + q \cdot \theta_1 + 0 \cdot \theta_2 + \cdots + 0 \cdot \theta_n = 0,$$

因此$1, \theta_1, \cdots, \theta_n$在$\mathbb{Q}$上线性相关,此不可能.

或者,依例13.1可知$1, \theta_i$在$\mathbb{Q}$上线性无关,从而θ_i是无理数.

例13.3 证明:若p, q是两个不同的素数,则$1, \sqrt{p}, \sqrt{q}$在$\mathbb{Q}$上线性无关.

证1 首先注意,依定理3.2可知$\sqrt{p}, \sqrt{q}$都是无理数. 设存在不全为零的整数a, b, c使得

$$a \cdot 1 + b\sqrt{p} + c\sqrt{q} = 0.$$

若$b = 0$(或$c = 0$),则与$\sqrt{q}$(或$\sqrt{p}$)是无理数矛盾. 因此可设b, c都不为零. 于是

$$a + b\sqrt{p} = -c\sqrt{q}.$$

两边平方得到

$$a^2 + b^2 p + 2ab\sqrt{p} = c^2 q,$$

若$a \neq 0$,则

$$\sqrt{p} = \frac{c^2 q - a^2 - b^2 p}{2ab},$$

我们得到矛盾.若$a = 0$,则

$$b^2 p = c^2 q.$$

设$d = \gcd(b, c)$,令$b = b_1 d, c = c_1 d$, 则b_1, c_1互素, 并且

$$b_1^2 p = c_1^2 q.$$

因此$p \,|\, c_1, q \,|\, b_1$.令$c_1 = c_2 p, b_1 = b_2 q$.代入上式得到

$$b_2^2 p q^2 = c_2^2 p^2 q,$$

162

于是
$$b_2^2 q = c_2^2 p.$$

由此可知$p \mid b_2, q \mid c_2$,从而(注意p, q是不同的素数)
$$pq \mid b_2 q = b_1, \quad pq \mid c_2 p = c_1,$$

这与b_1, c_1互素矛盾.

总之,$1, \sqrt{p}, \sqrt{q}$在$\mathbb{Q}$上线性无关.

证2　与证1类似可设$b, c \neq 0$.将
$$b\sqrt{p} + c\sqrt{q} = -a$$

两边平方得到
$$b^2 p + c^2 q + 2bc\sqrt{pq} = a^2,$$

这与$\sqrt{pq}$的无理性(参见定理3.2)矛盾.

注13.1　可类似地定义实数(复数)$a_1, \cdots,$ a_r在实数域$\mathbb{R}$(或复数域$\mathbb{C}$,等等)上的线性无关性.

§13.2　为了判断数的线性无关性,我们需要研究某些特殊的线性形.

设$a_1, \cdots, a_r$是给定复数,记整系数线性形
$$l = l(z_1, \cdots, z_r) = \sum_{i=1}^{r} c_i z_i \quad (c_i \in \mathbb{Z}).$$

定义线性形的集合
$$\begin{aligned} \mathscr{L} &= \mathscr{L}(u \mid a_1, \cdots, a_r) \\ &= \{l(z_1, \cdots, z_r) \mid l(a_1, \cdots, a_r) \neq 0, \\ &\qquad \max_{1 \leqslant i \leqslant r} |c_i| \leqslant u\}, \end{aligned}$$

以及正整数变量u的函数

$$L(u \mid a_1, \cdots, a_r) = \sup_{l \in \mathscr{L}} \log |l(a_1, \cdots, a_r)|^{-1}.$$

由定义易见

$$L(u \mid a_1, \cdots, a_r, a) \geqslant L(u \mid a_1, \cdots, a_r)$$

(当$a \in \mathbb{C}$时),

$$L(u \mid a_1, \cdots, a_r) \geqslant L(v \mid a_1, \cdots, a_r)$$

(当$u, v \in \mathbb{N}, u \geqslant v$时).

如果对于复数集合

$$G = \{\theta_1, \cdots, \theta_s\},$$

存在s个无穷复数列$\theta_{t,n}\,(n \geqslant 1)\,(t = 1, \cdots, s)$,一个单调增加的无穷正整数列$u_n\,(n \geqslant 1)$,常数$0 < \gamma < 1$,以及$G$的一个非空子集

$$W = \{\theta_{i_1}, \cdots, \theta_{i_m}\} \quad (m \leqslant s)$$

(一般地,它们都与数集G有关),满足下列条件:

(i) $\varphi_{t,n} = \theta_t - \theta_{t,n} \neq 0\,(n \geqslant 1; t = 1, \cdots, s)$;

(ii) 对于任何非零整数组$(c_{i_1}, \cdots, c_{i_m})$,当$n$充分大时,

$$0 < \left| \sum_{j=1}^{m} c_{i_j} \varphi_{i_j,n} \right| \leqslant \gamma \exp\left(-L(u_n \mid 1, \theta_{1,n}, \cdots, \theta_{s,n})\right);$$

并且对于每个$k \in \{1, \cdots, s\} \setminus \{i_1, \cdots, i_m\}$,

$$|\varphi_{k,n}| = o\left(\left| \sum_{j=1}^{m} c_{i_j} \varphi_{i_j,n} \right| \right) \quad (n \to \infty).$$

164

那么我们称数集G具有性质$\Gamma = \Gamma(G)$.

我们可以证明下列数(在$\mathbb{Q}$上)的线性无关性判别法则:

定理13.1 设$a_1, \cdots, a_r$是给定的复数.如果$A = \{a_1, \cdots, a_r\}$的任何子集W都具有性质$\Gamma(W)$,那么$1, a_1, \cdots, a_r$在$\mathbb{Q}$上线性无关.

当$s = 1$且a_1是实数的特殊情形,由定理13.1可相应地得到一个关于数的无理性的判别法则.我们现在给出这个法则及其独立证明.

设a为给定的实数,u为正整数,令

$$\mathfrak{L}(u|a) = \{|k_1 + k_2 a| \mid k_1, k_2 \in \mathbb{Z},$$
$$|k_1|, |k_2| \leqslant u, k_1 + k_2 a \neq 0\},$$

定义正整数变量u的函数

$$L^*(u|a) = \min \mathfrak{L}(u|a). \tag{1}$$

那么

$$L^*(u|a) \leqslant L^*(v|a) \quad (当 u \geqslant v 时). \tag{2}$$

定理13.2 设ξ为给定非零实数.如果存在无穷实数列$\xi_n(n \geqslant 1)$,单调递增无穷正整数列$u_n(n \geqslant 1)$,以及常数$0 < \gamma < 1$,使对任何正整数q,当$n > n_0(q)$时,

$$0 < |q(\xi - \xi_n)| \leqslant \gamma L^*(u_n|\xi_n), \tag{3}$$

那么ξ是无理数.

证 设$\xi = p/q$是有理数,那么$p - q\xi = 0$,于是

$$|p - \xi_n q| = |p - \xi_n q - (p - q\xi)| = |q(\xi - \xi_n)|.$$

由定理假设,当$n > n_0(q)$时,式(3)成立,因此

$$0 < |p - \xi_n q| \leqslant \gamma L^*(u_n | \xi_n). \tag{4}$$

取$u = \max(|p|, |q|) + 1$,由定义(1)可知

$$|p - \xi_n q| \geqslant L^*(u | \xi_n),$$

从而由式(4)得到当$n > n_0(q)$时,

$$L^*(u | \xi_n) \leqslant \gamma L^*(u_n | \xi_n).$$

取n充分大可使$u_n > u$,依式(2)可知$L^*(u | \xi_n) \geqslant L^*(u_n | \xi_n)$.因为$0 < \gamma < 1$,我们得到矛盾.于是定理得证. $\qquad\square$

例13.4 应用定理13.2解例9.1,即证明:当实数$c > 2$时,级数

$$\sum_{k=0}^{\infty} \frac{1}{F_{[c^k]}}$$

的值是无理数(其中F_k是Fibonacci数).

证 设$c > 2$.同例9.1,记

$$\xi = \sum_{k=0}^{\infty} \frac{1}{F_{[c^k]}},$$

$$\xi_n = \sum_{k=0}^{n-1} \frac{1}{F_{[c^k]}} \quad (n \geqslant 1),$$

166

并令 $\omega = (1+\sqrt{5})/2$,那么同例9.1,存在常数 $c_1, c_2 > 0$(下文中 c_3 等也是与 n 无关的常数)使得

$$c_1\omega^n \leqslant F_n \leqslant c_2\omega^n. \qquad (5)$$

由此推出

$$0 < \xi - \xi_n = \sum_{k=n}^{\infty} \frac{1}{F_{[c^k]}} \leqslant c_3\omega^{-[c^n]}.$$

此外,对于任何给定的正整数 n,以及满足

$$|k_1|, |k_2| \leqslant n$$

的整数 k_1, k_2, 若 $k_1 + k_2\varphi_n \neq 0$,则它为一个非零有理数.于是由式(5)得到

$$
\begin{aligned}
|k_1 + k_2\xi_n| &= \left| k_1 + k_2 \sum_{k=0}^{n-1} \frac{1}{F_{[c^k]}} \right| \\
&\geqslant \prod_{k=0}^{n-1} F_{[c^k]}^{-1} \\
&\geqslant c_4^n \omega^{-([c^0]+[c]+\cdots+[c^{n-1}])},
\end{aligned}
$$

于是由定义(1)可知

$$L^*(n|\xi_n) \geqslant c_4^n \omega^{-([c^0]+[c]+\cdots+[c^{n-1}])}.$$

对于任何给定的正整数q,

$$\frac{|q(\xi - \xi_n)|}{L^*(n|\xi_n)}$$

$$\leqslant \exp\left(\log q + \log c_3 - [c^n]\log\omega - n\log c_4\right.$$
$$([c^0] + [c] + \cdots + [c^{n-1}])\log\omega\right) +$$

$$\leqslant \exp\left(c_5 n - [c^n]\log\omega + ([c^0] + [c] + \cdots + \right.$$
$$[c^{n-1}])\log\omega\right)$$

$$= \exp\left(-[c^n]\log\omega\left(-\frac{c_5 n}{[c^n]\log\omega} + 1 - \right.\right.$$
$$\left.\left.\frac{[c^0] + [c] + \cdots + [c^{n-1}]}{[c^n]}\right)\right)$$

因为

$$\log\omega > 0, \quad \lim_{n\to\infty}\frac{n}{[c^n]} = 0,$$

$$1 - \lim_{n\to\infty}\frac{[c^0] + [c] + \cdots + [c^{n-1}]}{[c^n]}$$
$$= 1 - \frac{1}{c-1}$$
$$= \frac{c-2}{c-1} > 0,$$

所以当n充分大时

$$\frac{|q(\xi - \xi_n)|}{L^*(n|\xi_n)} \leqslant \frac{1}{2},$$

从而条件(2)在此成立(其中$u_n = n, \gamma = 1/2$).于是依定理13.2可知ξ是无理数.

§**13.3** 我们继续给出定理13.2的应用(见[22]).

设$d_n = \operatorname{lcm}(1,2,\cdots,n)$(整数$1,2,\cdots,n$的最小公倍数).由§9.4,已知

$$d_s \mid d_t \quad (\text{当}s \leqslant t\text{时}). \tag{6}$$

以及渐近公式

$$\log d_n \sim n \quad (n \to \infty) \tag{7}$$

首先将定理9.5扩充为:

定理13.3 设实数$\sigma \geqslant 1$,则级数

$$\xi_\sigma = \sum_{k=1}^{\infty} d_k^{-\sigma}$$

是无理数.

证 (i) 保留§9.4中的记号.易见

$$\xi = \sum_{j=1}^{\infty} \frac{1+m_j}{d_{k_j}^{\sigma}},$$

令

$$\xi_l = \sum_{j=1}^{l-1} \frac{1+m_j}{d_{k_j}^{\sigma}}.$$

那么类似于定理9.4的证明,有

$$0 < \xi - \xi_l = \sum_{j=l}^{\infty} \frac{1+m_j}{d_{k_j}^{\sigma}}$$
$$= \frac{1+m_l}{d_{k_l}^{\sigma}} + \frac{1+m_{l+1}}{d_{k_{l+1}}^{\sigma}} + \frac{1+m_{l+2}}{d_{k_{l+2}}^{\sigma}} + \cdots,$$

169

并且当$j \geqslant 1$时,

$$\frac{1}{d_{k_{l+j}}^{\sigma}} \leqslant \frac{1+m_{l+j}}{d_{k_{l+j}}^{\sigma}} \leqslant \frac{1}{2^{\sigma}} \cdot \frac{1}{d_{k_{l+j-1}}^{\sigma}}.$$

由此得到

$$0 < \xi - \xi_n < \frac{1}{d_{k_l}^{\sigma}}\left(1+m_{k_l}+\frac{1}{2^{\sigma}}+\frac{1}{2^{2\sigma}}+\frac{1}{2^{3\sigma}}+\cdots\right),$$

于是有估值

$$0 < \xi - \xi_l \leqslant \frac{m_{k_l}+c_0}{d_{k_l}^{\sigma}}.$$

其中$c_0 > 0$(及下文的$c_i > 0$)是与n无关的常数.

(ii) 若p_n是第n个素数,则取$k_{l-1}=p_n-1$, $k_l=p_n$.令

$$\widetilde{\xi}_n = \xi_l = \sum_{j=1}^{l-1}\frac{1+m_j}{d_{k_j}^{\sigma}}.$$

那么

$$0 < \xi - \widetilde{\xi}_n \leqslant \frac{m_{p_n}+c_0}{d_{p_n}^{\sigma}}$$

对于任何给定的正整数n,以及满足$|k_1|, |k_2| \leqslant p_n$的整数$k_1, k_2$,若$k_1+k_2\widetilde{\xi}_n \neq 0$,则它为一个非零有理数. 于是

$$|k_1+k_2\widetilde{\xi}_n| \geqslant \frac{1}{d_{p_n-1}^{\sigma}}.$$

由此得到

$$L^*(p_n|\widetilde{\xi}_n) \geqslant \frac{1}{d_{p_n-1}^{\sigma}}.$$

因为$d_{p_n} = p_n d_{p_n-1}$,所以对于任意给定的正整数q,有

$$\frac{|q(\xi - \widetilde{\xi}_n)|}{L^*(p_n|\widetilde{\xi}_n)} \leqslant \frac{(m_{p_n} + c_0)d_{p_n-1}^\sigma}{d_{p_n}^\sigma} = \frac{(m_{p_n} + c_0)}{p_n^\sigma}$$

注意$m_{p_n} = o(p_n)$,于是当n充分大时,

$$\frac{|q(\xi - \widetilde{\xi}_n)|}{L^*(p_n|\widetilde{\xi}_n)} \leqslant \frac{1}{2},$$

从而条件(2)在此成立(其中$u_n = p_n, \gamma = 1/2$).于是依定理13.2可知ξ_σ是无理数. $\qquad\square$

注13.2 依注9.8,定理13.3中条件$\sigma \geqslant 1$可换为$\sigma > 7/12$.

定理13.4 若

$$0 < r_1 \leqslant r_2 \leqslant \cdots \leqslant r_n \leqslant \cdots$$

是给定无穷实数列,极限

$$\lim_{n\to\infty} \frac{r_{n+1}}{r_n} = r > 1, \ \text{或} = \infty,$$

则级数

$$\xi_r = \sum_{n=1}^\infty d_n^{-r_n}$$

的值是无理数.

这个结果可以稍加扩充为:

定理13.4A 设无穷实数列$r_n(n \geqslant 1)$如定理13.3,那么对于任何实数$\tau \geqslant 1$,级数

$$\theta = \sum_{n=1}^\infty d_{[n^\tau]}^{-r_n}$$

171

的值是无理数.

(取$\tau = 1$即得定理13.4.)

证 (i) 由式(7)可知级数θ收敛,并且

$$\frac{d^{r_{n+1}}_{[(n+1)^\tau]}}{d^{r_n}_{[n^\tau]}}$$

$$= \exp\Big(r_{n+1}(n+1)^\tau\big(1+o(1)\big) - r_n n^\tau\big(1+o(1)\big)\Big)$$

$$= \exp\Big(r_{n+1}\big((n+1)^\tau\big(1+o(1)\big) - \frac{r_n}{r_{n+1}}n^\tau\big(1+o(1)\big)\big)\Big)$$

$$\geqslant \exp\Big(r_{n+1}\big((n+1)^\tau\big(1+o(1)\big) - n^\tau\big(1+o(1)\big)\big)\Big)$$

$$= \exp\Big(r_{n+1}\tau(n+\delta)^{\tau-1}\big(1+o(1)\big)\Big),$$

在此当$\tau > 1$时应用了微分中值定理:

$$(n+1)^\tau - n^\tau = \tau(n+\delta)^{\tau-1} \quad (0 < \delta < 1).$$

因此当$n \geqslant n_0$时,

$$\frac{d_{[(n+1)^\tau]}}{d_{[n^\tau]}} \geqslant \exp\Big(\frac{r_{n+1}\tau}{2} \cdot (n+\delta)^{\tau-1}\Big). \quad (8)$$

(ii) 令

$$\theta' = \sum_{k=n_0}^{\infty} \frac{1}{d^r_{[k^\tau]}},$$

$$\theta'_n = \sum_{k=n_0}^{n-1} \frac{1}{d^r_{[k^\tau]}} \quad (n > n_0).$$

显然只需证明θ'是无理数.

对于任何给定的正整数n,以及满足

$$|k_1|, \ |k_2| \leqslant n$$

的整数k_1, k_2,若

$$k_1 + k_2\theta'_n \neq 0,$$

则它为一个非零有理数.于是由式(6)可知

$$|k_1 + k_2\theta'_n| = \left| k_1 + k_2 \sum_{k=n_0}^{n-1} \frac{1}{d_{[k^\tau]}^{r_k}} \right|$$

$$\geqslant \frac{1}{d_{[(n-1)^\tau]}^{r_{n-1}}},$$

由此得到

$$L^*(n|\theta'_n) \geqslant \frac{1}{d_{[(n-1)^\tau]}^{r_{n-1}}}. \tag{9}$$

又由式(8)推出当$n \geqslant n_0$时,

$$0 < \theta' - \theta'_n < \frac{c_1}{d_{[n^\tau]}^{r_n}}. \tag{10}$$

对于任何给定的正整数q,由式(9)和(10)推出

$$\frac{|q(\theta' - \theta'_n)|}{L^*(n|\theta'_n)}$$

$$\leqslant \frac{c_1 q d_{[(n-1)^\tau]}^{r_{n-1}}}{d_{[n^\tau]}^{r_n}}$$

$$= \exp\left(\log(c_1 q) + r_{n-1} \log d_{[(n-1)^\tau]} - r_n \log d_{[n^\tau]} \right)$$

$$= \exp\left(\log(c_1 q) + r_{n-1}[(n-1)^\tau](1+o(1)) - \right.$$

$$\left. r_n[n^\tau](1+o(1)) \right)$$

$$= \exp\left(-r_n[n^\tau]\left(1 - \frac{\log(c_1 q)}{r_n[n^\tau]} + o(1) - \right. \right.$$

$$\left. \left. \frac{r_{n-1}}{r_n}\left(1 - \frac{1}{n}\right)^\tau \right) \right).$$

173

因为当$n \to \infty$时,

$$1 - \frac{\log(c_1 q)}{r_n[n^\tau]} + o(1) - \frac{r_{n-1}}{r_n}\left(1 - \frac{1}{n}\right)^\tau \to 1 - \frac{1}{r} > 0$$

(若$r_{n+1}/r_n \to r$),或$\to 1$(若$r_{n+1}/r_n \to \infty$),所以当n充分大时,

$$\frac{|q(\theta' - \theta'_n)|}{L^*(n|\theta'_n)} \leqslant \frac{1}{2},$$

从而条件(2)在此成立(其中$u_n = n, \gamma = 1/2$).于是依定理13.2可知θ'(因而θ) 是无理数. □

定理13.5 设

$$1 \leqslant t_0 \leqslant t_1 \leqslant t_2 \leqslant \cdots \leqslant t_n \leqslant \cdots$$

是一个无穷正整数列,极限

$$\lim_{n\to\infty} \frac{t_{n+1}}{t_n} = t > 1, \ \text{或} = \infty,$$

那么级数

$$\xi_t = \sum_{k=0}^\infty d_{t_k}^{-1}$$

的值是无理数.

例13.5 (1) 在定理13.4中取$t_n = [c^n]$,其中实数$c > 1$,那么级数

$$\alpha_1 = \sum_{k=0}^\infty \frac{1}{d_{[c^k]}}$$

的值是无理数.

(2) 在定理13.5中取$t_n = n!$,那么级数

$$\alpha_2 = \sum_{k=1}^{\infty} \frac{1}{d_{k!}}$$

的值是无理数.

定理13.5可以稍加扩充为:

定理13.5A 设无穷正整数列$t_n(n \geqslant 1)$如定理13.5.若

$$0 < s_1 \leqslant s_2 \leqslant \cdots \leqslant s_n \leqslant \cdots$$

是给定无穷实数列,极限

$$\lim_{n \to \infty} \frac{s_{n+1}}{s_n} = s$$

存在,并且$s \geqslant 1$(当$t > 1$),或$s > 0$(当$t = \infty$),则级数

$$\eta = \sum_{k=0}^{\infty} d_{t_k}^{-s_k}$$

的值是无理数.

(取所有$s_n = 1$即得定理13.5.)

证 级数η显然收敛.

(i) 首先设极限值$t > 1$有限,那么$s \geqslant 1$.由式(7)可知

$$d_n = e^{n(1+o(1))} \quad (n \to \infty).$$

取常数c_2, c_3满足

$$1 < c_2 < c_3 st, \quad \frac{1}{st} < c_3 < 1 \tag{11}$$

175

(因为$st > 1$,它们显然存在),那么当$n \geqslant n_1$时

$$\mathrm{e}^{c_3 s_n t_n} \leqslant d_{t_n}^{s_n} \leqslant \mathrm{e}^{c_2 s_n t_n}. \tag{12}$$

还有

$$\frac{d_{t_{n+1}}^{s_{n+1}}}{d_{t_n}^{s_n}} = \exp\big(s_{n+1}t_{n+1}(1 + o(1)) - s_n t_n(1 + o(1))\big)$$

$$= \exp\left(s_{n+1}t_{n+1}\left(1 - \frac{s_n t_n}{s_{n+1}t_{n+1}} + o(1)\right)\right).$$

因为,当$n \to \infty$时

$$1 - \frac{s_n t_n}{s_{n+1}t_{n+1}} \to 1 - \frac{1}{st} > 0,$$

所以,当$n \geqslant n_2(\geqslant n_1)$时

$$\frac{d_{t_{n+1}}^{s_{n+1}}}{d_{t_n}^{s_n}} \geqslant \exp(c_4 s_{n+1}t_{n+1}). \tag{13}$$

现在令

$$\eta' = \sum_{k=n_2}^{\infty} d_{t_k}^{-s_k},$$

$$\eta'_n = \sum_{k=n_2}^{n-1} d_{t_k}^{-s_k} \quad (n > n_2).$$

显然只需证明η'是无理数.

对于任何给定的正整数n,以及满足$|k_1|, |k_2| \leqslant n$的整数k_1, k_2, 若$k_1 + k_2\eta'_n \neq 0$,则它为一个非零有理数.于是由式(6)和(12)可知,当$n \geqslant n_2$时,

$$|k_1 + k_2\eta'_n| = \left| k_1 + k_2 \sum_{k=n_2}^{n-1} d_{t_k}^{-s_k} \right|$$

$$\geqslant d_{t_{n-1}}^{-s_{n-1}} \geqslant \mathrm{e}^{-c_2 s_{n-1}t_{n-1}},$$

176

于是由定义(1)可知

$$L^*(n|\eta'_n) \geqslant \mathrm{e}^{-c_2 s_{n-1} t_{n-1}} \quad (n \geqslant n_2), \qquad (14)$$

又由式(12)和(13)推出当 $n \geqslant n_2$ 时,

$$0 < \eta' - \eta'_n < c_5 \mathrm{e}^{-c_3 s_n t_n}. \qquad (15)$$

对于任何给定的正整数 q,由式(14)和(15)得到

$$\frac{|q(\eta' - \eta'_n)|}{L^*(n|\eta'_n)} \leqslant \exp\left(c_6 - c_3 s_n t_n + c_2 s_{n-1} t_{n-1}\right)$$

$$= \exp\left(-c_3 s_n t_n\left(1 - \frac{c_6}{c_3 s_n t_n} - \frac{c_2 s_{n-1} t_{n-1}}{c_3 s_n t_n}\right)\right), \qquad (16)$$

因为

$$\lim_{n \to \infty}\left(1 - \frac{c_6}{c_3 s_n t_n} - \frac{c_2 s_{n-1} t_{n-1}}{c_3 s_n t_n}\right) = 1 - \frac{c_2}{c_3 st}$$

由式(11)可知

$$1 - \frac{c_2}{c_3 st} > 0,$$

所以当 n 充分大时

$$\frac{|q(\eta' - \eta'_n)|}{L^*(n|\eta'_n)} \leqslant \frac{1}{2},$$

从而条件(2)在此成立(其中 $u_n = n, \gamma = 1/2$).于是依定理13.2可知 η'(从而 η)是无理数.

(ii) 其次设 $t = \infty$,那么 $0 < s < \infty$.此时取常数 $c_2 > 1, 0 < c_3 < 1$,那么不等式(12)仍然成立.又因为当 $n \to \infty$ 时,

$$1 - \frac{s_n t_n}{s_{n+1} t_{n+1}} \to 1,$$

177

所以不等式(13)也成立.于是不等式(14)和(15)此时有效,从而式(16)成立,并且此时

$$\lim_{n\to\infty}\left(1-\frac{c_6}{c_3 s_n t_n}-\frac{c_2 s_{n-1}t_{n-1}}{c_3 s_n t_n}\right)=1.$$

因此可以同样得知η是无理数. □

例 13.6 在定理13.5A中取所有$s_n=\sigma>0$,并且:

(1)取$t_n=[c^n]$,其中实数$c>1$,那么级数

$$\alpha_3=\sum_{k=0}^{\infty}\frac{1}{d_{[c^k]}^{\sigma}}\quad(\sigma>0)$$

的值是无理数;

(2) 取$t_n=n!$,那么级数

$$\alpha_4=\sum_{k=1}^{\infty}\frac{1}{d_{k!}^{\sigma}}\quad(\sigma>0)$$

的值是无理数.

注 13.3 因为在定理13.3和定理13.4A中r_n,s_n是一般实数,所以不能应用定理9.3,而需应用定理13.2.

§13.4 对于给定的一组实数$\{\theta_1,\cdots,\theta_n\}$,存在一个最大的子集,其元素在$\mathbb{Q}$上线性无关,这个子集的元素个数称作$\theta_1,\cdots,\theta_n$在$\mathbb{Q}$上生成的向量空间的维数.

Yu.V.Nesterenko[14]给出一个关于数的线性无关性的判别法则,它的一个常用形式如下:

定理 13.6 设 $N \geqslant 2$,还设 $\theta_1, \cdots, \theta_N$ 以及 α, β 是给定的实数,$0 < \alpha < 1, \beta > 1$. 如果存在 N 个无穷整数列 $p_{l,n}(n \geqslant 0)\,(l = 1, \cdots, N)$ 满足下列条件:

$$\lim_{n \to \infty} \left| \sum_{l=1}^{N} p_{l,n} \theta_l \right|^{1/n} = \alpha,$$

$$\varlimsup_{n \to \infty} |p_{l,n}|^{1/n} \leqslant \beta \quad (l = 1, \cdots, N),$$

那么 $\theta_1, \cdots, \theta_n$ 在 $\mathbb{Q}$ 上生成的向量空间的维数

$$d_N \geqslant \max\left(2, 1 - \frac{\log \alpha}{\log \beta}\right).$$

第 14 章 Euler "错过"的证明:$\zeta(3)$的无理性

§14.1 设$m > 1$是一个正整数,记

$$\zeta(m) = \sum_{n=1}^{\infty} \frac{1}{n^m},$$

这是一个收敛级数.一般地,设$z = x+yi(i = \sqrt{-1})$是一个复数,$x > 1$,我们令

$$\zeta(z) = \sum_{n=1}^{\infty} \frac{1}{n^z},$$

它称为Riemann ζ函数.1859年,G.F.B.Riemann 首先应用它解决某些解析数论问题,其后,它一直在数论研究中起着重要作用.对于ζ函数当自变量取偶数时的值, 我们有下列公式

$$\zeta(2k) = \frac{(-1)^{k-1}(2\pi)^{2k}}{2(2k)!} B_{2k} \quad (k \geqslant 1),$$

其中B_n是Bernoulli数,它们都是有理数:

$$B_0 = 1, \quad B_1 = -\frac{1}{2}, \quad B_2 = \frac{1}{6},$$
$$B_4 = -\frac{1}{30}, \quad B_6 = \frac{1}{42},$$

等等,并且

$$B_{2n+1} = 0 \quad (n > 0).$$

如果把函数$x/(e^x - 1)$表示成无穷级数的形式,就有

$$\frac{x}{e^x - 1} = \sum_{k=0}^{\infty} B_k \frac{x^k}{k!}.$$

因此, $\zeta(2k)(k \geqslant 1)$ 都是无理数(而且实际上是超越数),例如,

$$\zeta(2) = \frac{\pi^2}{6}, \quad \zeta(4) = \frac{\pi^4}{90}, \quad \zeta(6) = \frac{\pi^6}{945},$$

等等.但对于 ζ 函数在奇数上的值,我们就没有这种明显的公式,甚至长期以来也不知道它们是不是无理数.例如,人们虽然算出近似值

$$\zeta(3) = 1.202\,056\,903\,1 \cdots,$$

但难以确定 $\zeta(3)$ 的无理性.

关于 ζ 函数在奇数上的值的无理性的第一个进展是在 1978 年出现的.那年, R.Apéry[4] 证明了 $\zeta(3)$ 是无理数(因而文献中 $\zeta(3)$ 也被称为 Apéry 数),并且给出 $\zeta(2)$ 的无理性的直接证明. Apéry 的工作引起国际数学界的轰动.在 1978 年赫尔辛基国际数学家大会上,有人在听了有关报告后不无醋意地评论道:"这是法国佬的胜利!"美国数学家 N.Katz 则反驳说:"不,不,这不可思议!这是 Euler 就应该做的事……"看来, $\zeta(3)$ 无理性的证明似乎被 Euler "错过"了!但实际上,虽然 Apéry 的证明用到 Euler 时代就已知道的一些结果,但也应用了 Euler 那时并不知道(或尚未出现)的知识.当然,人们确认了 Apéry 的工作,并激起对有关问题的兴趣.其后,出现了不少关于 $\zeta(3)$ 的无理性的新证明,其中以次年 F.Beukers[6] 发表的一个证明最值得称道.他以二重积分取代了 Apéry 证明中许多令人眼花缭乱的恒等变换,显得直观而机巧.下面是这两个证明的概要.

§14.2 $\zeta(3)$的无理性的Apéry证明概要.

定理14.1 $\zeta(3)$是无理数,并且对任何$\varepsilon > 0$, 存在可计算常数$c(\varepsilon) > 0$,使对充分大的整数p和q $(q > 0)$有

$$\left| \zeta(3) - \frac{p}{q} \right| > \frac{c(\varepsilon)}{q^{\theta+\varepsilon}}, \tag{1}$$

其中

$$\theta = \frac{8\log(1+\sqrt{2})}{4\log(1+\sqrt{2})-3},$$

亦即$\zeta(3)$的无理性指数

$$\mu\big(\zeta(3)\big) \leqslant \theta = 13.417\,820\,2\cdots. \tag{2}$$

证明划分为下列5步:

1° 对于$n \geqslant 0$令

$$a_n = \sum_{k=0}^{n} \binom{n}{k}^2 \binom{n+k}{k}^2,$$

$$b_n = \sum_{k=0}^{n} \binom{n}{k}^2 \binom{n+k}{k}^2 c_{n,k},$$

其中

$$c_{n,k} = \sum_{m=1}^{n} \frac{1}{m^3} + \sum_{m=1}^{k} \frac{(-1)^{m-1}}{2m^3\binom{n}{m}\binom{n+m}{m}},$$

那么a_n和b_n满足递推关系

$$(n+1)^3 u_{n+1} - P(n)u_n + n^3 u_{n-1} = 0, \tag{3}$$

其中$P(n) = 34n^3 + 51n^2 + 27n + 5$,并且

$$\zeta(3) = \lim_{n\to\infty} \frac{b_n}{a_n}. \tag{4}$$

2° 由递推关系(3)得到

$$n^3 a_n - P(n-1)a_{n-1} + (n-1)^3 a_{n-2} = 0,$$
$$n^3 b_n \quad P(n-1)b_{n-1} + (n-1)^3 b_{n-2} = 0.$$

将第一式乘以b_{n-1},第二式乘以a_{n-1},然后相减,可得

$$n^3(a_{n-1}b_n - b_{n-1}a_n)$$
$$= (n-1)^3(a_{n-2}b_{n-1} - b_{n-2}a_{n-1}),$$

或者

$$a_{n-1}b_n - b_{n-1}a_n = \frac{(n-1)^3}{n^3}(a_{n-2}b_{n-1} - b_{n-2}a_{n-1}).$$

在其中易n为$n-1$,可得

$$a_{n-2}b_{n-1} - b_{n-2}a_{n-1}$$
$$= \frac{(n-2)^3}{(n-1)^3}(a_{n-3}b_{n-2} - b_{n-3}a_{n-2}).$$

反复迭代,并可算出$a_0 b_1 - b_0 a_1 = 6$,于是当$n \geqslant 1$时

$$a_{n-1}b_n - b_{n-1}a_n$$
$$= \frac{(n-1)^3}{n^3} \cdot \frac{(n-2)^3}{(n-1)^3} \cdots \frac{1^3}{2^3} \cdot (a_0 b_1 - b_0 a_1)$$
$$= \frac{6}{n^3},$$

因此

$$\frac{b_n}{a_n} - \frac{b_{n-1}}{a_{n-1}} = \frac{6}{n^3 a_n a_{n-1}} \quad (n \geqslant 1).$$

183

设$n \geqslant 0, N > n$,则由上式得到

$$\zeta(3) - \frac{b_n}{a_n} = \sum_{k=n+1}^{N} \left(\frac{b_k}{a_k} - \frac{b_{k-1}}{a_{k-1}} \right) + \left(\zeta(3) - \frac{b_N}{a_N} \right)$$

$$= \sum_{k=n+1}^{N} \frac{6}{k^3 a_k a_{k-1}} + \left(\zeta(3) - \frac{b_N}{a_N} \right).$$

在此式中令$N \to \infty$,并应用式(4),即得

$$\zeta(3) - \frac{b_n}{a_n} = \sum_{k=n+1}^{\infty} \frac{6}{k^3 a_k a_{k-1}}. \tag{5}$$

特别,因为$b_0/a_0 = 0$,所以

$$\zeta(3) = 6 \sum_{k=1}^{\infty} \frac{1}{k^3 a_k a_{k-1}},$$

并且由式(5)得到估值

$$0 < \left| \zeta(3) - \frac{b_n}{a_n} \right| \leqslant C_1 a_n^{-2}, \tag{6}$$

其中C_1(及下文中的C_2等)是与n无关的正常数.

$3°$ 设$d_n = \mathrm{lcm}(1, 2, \cdots, n)$ (整数$1, 2, \cdots, n$的最小公倍数),那么应用素数定理可推出(见§9.4)

$$\frac{\log d_n}{n} \sim 1 \quad (n \to \infty). \tag{7}$$

还可证明$2d_n^3 b_n (n \geqslant 1)$都是非零整数.此外,应用变系数线性递推关系的Perron定理,由式(3)推出

$$\frac{\log a_n}{n} \sim \log \alpha \quad (n \to \infty), \tag{8}$$

其中$\alpha = (1 + \sqrt{2})^4$.

184

4° 现在令 $p_n = 2d_n^3 b_n$ 和 $q_n = 2d_n^3 a_n$,并取

$$\delta = \frac{\log \alpha - 3}{\log \alpha + 3 + \varepsilon},$$

其中 $\varepsilon > 0$ 任意小.因此 $0 < \delta < 1$,并且当 $\varepsilon \to 0$ 时,$\delta \to 0.080\,529\cdots$.因为

$$\frac{a_n^{-2}}{q_n^{-(1+\delta)}}$$
$$= C_2 a_n^{-1+\delta} d_n^{3(1+\delta)}$$
$$= C_2 \exp\left(n\left(-(1-\delta)\frac{\log a_n}{n} + 3(1+\delta)\frac{\log d_n}{n}\right)\right),$$

而由式(7)和(8)可知

$$\lim_{n \to \infty}\left(-(1-\delta)\frac{\log a_n}{n} + 3(1+\delta)\frac{\log d_n}{n}\right)$$
$$= -(1-\delta)\log \alpha + 3(1+\delta)$$
$$= -\varepsilon\delta < 0,$$

因此,当 n 充分大时

$$C_1 a_n^{-2} < q_n^{-(1+\delta)},$$

于是由式(6)可知,对充分大的 n 有

$$0 < \left|\zeta(3) - \frac{p_n}{q_n}\right| < \frac{1}{q_n^{1+\delta}}.$$

依定理9.3的推论1可知 $\zeta(3)$ 是无理数.

5° 最后,由式(7)和(8)可知对于任意 $\sigma > 0$ 有 $q_n < q_{n-1}^{1+\sigma}$,于是依引理13.1得知

$$\mu\big(\zeta(3)\big) \leqslant 1 + \frac{1}{\delta} = \frac{2\log \alpha + \varepsilon}{\log \alpha - 3}.$$

185

注意 ε 可以任意接近于零,所以得到式(2).于是定理得证. □

注 14.1 $\mu\big(\zeta(3)\big)$ 被多次改进,目前最佳记录是:

$$\mu\big(\zeta(3)\big) \leqslant 5.513\,891\cdots$$

(2001年,G.Rhin 和 C.Viola)

§14.3 $\zeta(3)$ 的无理性的 Beukers 证明概要.

我们只证 $\zeta(3)$ 的无理性.证明划分为下列5步:

1° 设 r, s 是非负整数, σ 是非负实数,将 $(1 - xy)^{-1}$ 展开为幂级数,可推出

$$
\begin{aligned}
& \int_0^1 \int_0^1 \frac{x^{r+\sigma} y^{s+\sigma}}{1 - xy} \mathrm{d}x \mathrm{d}y \\
= {}& \int_0^1 \int_0^1 \sum_{k=0}^{\infty} x^{k+r+\sigma} y^{k+s+\sigma} \mathrm{d}x \mathrm{d}y \\
= {}& \sum_{k=0}^{\infty} \frac{1}{(k + r + \sigma + 1)(k + s + \sigma + 1)}.
\end{aligned} \tag{9}
$$

对于 σ 微分上式,然后令 $s = r, \sigma = 0$,则得

$$
\begin{aligned}
& \int_0^1 \int_0^1 \frac{\log(xy)}{1 - xy}(xy)^r \mathrm{d}x \mathrm{d}y \\
= {}& \sum_{k=0}^{\infty} \frac{-2}{(k + r + 1)^3} \\
= {}& -2\left(\zeta(3) - \sum_{k=1}^{r} \frac{1}{k^3}\right),
\end{aligned}
$$

因而我们有

$$\zeta(3) = \sum_{k=1}^{r} \frac{1}{k^3} - \frac{1}{2} \int_0^1 \int_0^1 \frac{\log(xy)}{1-xy}(xy)^r \mathrm{d}x\mathrm{d}y; \quad (10)$$

以及

$$\zeta(3) = -\frac{1}{2} \int_0^1 \int_0^1 \frac{\log(xy)}{1-xy} \mathrm{d}x\mathrm{d}y. \quad (11)$$

2° 应用式(9)还可证明:若r,s是非负整数,且$r \neq s$,则积分

$$\int_0^1 \int_0^1 \frac{\log(xy)}{1-xy} x^r y^s \mathrm{d}x\mathrm{d}y$$

的值是有理数,而且它们的分母是d_r^3(当$r > s$时)或d_s^3(当$s > r$时)的因子,此处(如§9.4所定义)$d_n = \mathrm{lcm}(1, 2, \cdots, n)$.

3° 现在定义区间$[0,1]$上的函数

$$P_n(x) = \frac{1}{n!} \left(\frac{\mathrm{d}}{\mathrm{d}x}\right)^n \left(x^n(1-x)^n\right). \quad (12)$$

易见$P_n(0) = 1, P_n(1) = (-1)^n$,并且

$$P_n(x) = \sum_{k=0}^{n} \binom{n}{k}\binom{n+k}{k}(-x)^k, \quad (13)$$

因此这是一个整系数n次多项式(称为Legendre多项式).令

$$I = \int_0^1 \int_0^1 \frac{-\log(xy)}{1-xy} P_n(x)P_n(y)\mathrm{d}x\mathrm{d}y.$$

187

一方面,由式(13)可知

$$P_n(x)P_n(y) = 1 + \sum_{\substack{r \neq s \\ r,s \leqslant n}} c_{rs} x^r y^s + \sum_{r=1}^{n} c_{rr}(xy)^r,$$

其中c_{rs}, c_{rr}是整数,所以由式(10)和(11)以及2°推出

$$I = \left(A_n \zeta(3) + B_n\right) d_n^{-3}. \tag{14}$$

另一方面,由恒等式

$$\int_0^1 \frac{\mathrm{d}w}{1 - (1-xy)w} = \frac{-\log(xy)}{1-xy}$$

立即可得

$$I = \int_0^1 \int_0^1 \int_0^1 \frac{P_n(x)}{1 - (1-xy)w} P_n(y) \mathrm{d}x \mathrm{d}y \mathrm{d}w.$$

应用式(12)将此积分关于x分部积分n次,然后作变量代换

$$z = \frac{1-w}{1-(1-xy)w},$$

可得

$$I \\ = \int_0^1 \int_0^1 \int_0^1 \frac{x^n(1-x)^n y^n(1-y)^n z^n(1-z)^n}{(1-(1-xy)z)^{n+1}} \mathrm{d}x \mathrm{d}y \mathrm{d}z. \tag{15}$$

于是由式(14)和(15)推出

$$\int_0^1 \int_0^1 \int_0^1 \frac{x^n(1-x)^n y^n(1-y)^n z^n(1-z)^n}{(1-(1-xy)z)^{n+1}} \mathrm{d}x \mathrm{d}y \mathrm{d}z \\ = \left(A_n \zeta(3) + B_n\right) d_n^{-3}, \tag{16}$$

其中A_n, B_n是整数.

4° 因为函数

$$F(x, y, z)$$
$$= x(1-x)y(1-y)z(1-z)/(1-(1-xy)z)$$

在区域$0 \leqslant x \leqslant 1, 0 \leqslant y \leqslant 1, 0 \leqslant z \leqslant 1$上有最大值

$$F(\sqrt{2}-1, \sqrt{2}-1, \sqrt{2}/2) = (\sqrt{2}-1)^4,$$

所以当$0 \leqslant x \leqslant 1, 0 \leqslant y \leqslant 1, 0 \leqslant z \leqslant 1$时,

$$0 \leqslant \frac{x(1-x)y(1-y)z(1-z)}{1-(1-xy)z} \leqslant (\sqrt{2}-1)^4. \quad (17)$$

5° 最后,注意当$0 < x, y, z < 1$时$1-(1-xy)z > 0$,我们由式(16) 和(17)得到

$$
\begin{aligned}
0 & \\
& < |A_n\zeta(3) + B_n|d_n^{-3} \\
& = \left| \int_0^1 \int_0^1 \int_0^1 \frac{x^n(1-x)^n y^n(1-y)^n z^n(1-z)^n}{\left(1-(1-xy)z\right)^{n+1}} \mathrm{d}x\mathrm{d}y\mathrm{d}z \right| \\
& \leqslant (\sqrt{2}-1)^{4n} \int_0^1 \int_0^1 \int_0^1 \frac{\mathrm{d}x\mathrm{d}y\mathrm{d}z}{1-(1-xy)z} \\
& = (\sqrt{2}-1)^{4n} \int_0^1 \int_0^1 \frac{-\log(xy)}{1-xy} \mathrm{d}x\mathrm{d}y \\
& = 2\zeta(3)(\sqrt{2}-1)^{4n}.
\end{aligned}
$$

另外,由式(7)知$d_n \leqslant 3^n$,因此,当n充分大时

$$0 < |A_n\zeta(3) + B_n| \leqslant 2 \cdot 3^{3n}(\sqrt{2}-1)^{4n}\zeta(3) < \left(\frac{4}{5}\right)^n.$$

189

由于当n趋于无穷时,上式右边趋于零,所以依定理9.3可推出$\zeta(3)$是无理数. □

§14.4 现有文献中至少有7个不同的关于$\zeta(3)$的无理性证明,它们涉及多对数函数、模形式、超几何函数、Padé逼近以及复分析等专门知识.人们期待这些证明方法能够用来得到$\zeta(2k+1)(k \geqslant 2)$的无理性.作为超越数论的一个研究对象,人们感兴趣的比这更多.例如,有人猜测对任何$n \geqslant 2$,数$1, \zeta(2), \zeta(3), \cdots, \zeta(n)$在$\mathbb{Q}$上线性无关,并且$\zeta(2k+1)(k \geqslant 1)$都是超越数(见[11]). 但实际上,$\zeta(2k+1)(k \geqslant 2)$的无理性问题至今仍未解决.1978年以来关于$\zeta$值的无理性研究的引人注目的进展,大体上是在2000年后主要由数论新秀T. Rivoal(法国)和V.V.Zudilin(俄罗斯)取得的.他们的主要结果如下:

1° 在$\zeta(3), \zeta(5), \cdots, \zeta(2n+1), \cdots$中存在无穷多个无理数.

更详细地说,T.Rivoal及K.M.Ball证明了:设$a \geqslant 3$是一个奇数,$d(a)$表示$1, \zeta(3), \zeta(5), \cdots, \zeta(a)$在$\mathbb{Q}$上生成的线性空间的维数,那么

$$d(a) > \frac{1}{3} \log a.$$

此外,对任何$\varepsilon > 0$存在$a_0 = a_0(\varepsilon)$,使当$a \geqslant a_0$时,

$$d(a) > \frac{1 - \varepsilon}{1 + \log 2} \log a.$$

V.V.Zudilin给出了绝对估值:对于每个$a \geqslant 3$有

$$d(a) > 0.395 \log a > \frac{2}{3} \cdot \frac{\log a}{1 + \log 2}.$$

注意,对于具体的有限多个值$\zeta(2l+1)$确定相应的线性空间的维数,目前取得的结果尚不够理想.

2° K.M.Ball和T.Rivoal证明了: 存在一个奇数$j \in [5, 169]$,使数$1, \zeta(3), \zeta(j)$在$\mathbb{Q}$上线性无关. 由此可知:存在一个奇数$\in [5, 169]$,使得$\zeta(j)$ 是无理数.

其后,C.Krattenthaler和T.Rivoal将j的区间改进为$[5, 165]$, 而V.V.Zudilin证明了:存在奇数$j_1 \leqslant 145$及奇数$j_2 \leqslant 1\,971$,使得四个数$1, \zeta(3), \zeta(j_1), \zeta(j_2)$在$\mathbb{Q}$上线性无关;此后不久S.Fischler 和 W.Zudilin将此改进为$j_1 \leqslant 139, j_2 \leqslant 1\,961$,从而进一步将定理5.4中$j$的区间改进为$[5, 139]$;因而存在一个奇数$j \in [5, 139]$,使$\zeta(j)$为无理数.

3° T.Rivoal 和 V.V.Zudilin 独立证明了: 在$\zeta(5), \zeta(7), \cdots, \zeta(21)$中至少有一个无理数.

实际上,V.V.Zudilin证明了更多的结果,即:下列三个数集中分别至少存在一个无理数:

$$\{\zeta(5), \zeta(7), \zeta(9), \cdots, \zeta(21)\};$$
$$\{\zeta(7), \zeta(9), \zeta(11), \cdots, \zeta(37)\};$$
$$\{\zeta(9), \zeta(11), \zeta(13), \cdots, \zeta(53)\}.$$

还证明了:对于任何奇数$a \geqslant 1$,在数$\zeta(a+2), \zeta(a+4), \cdots, \zeta(8a-3), \zeta(8a-1)$中至少有一个无理数.

191

另外,V.V.Zudilin,C.Krattenthaler和T.Rivoal
先后进一步给出: 八个数$\zeta(5),\zeta(7),\zeta(9),\cdots,\zeta(19)$
中至少有一个无理数.

4° 迄今最佳的结果是V.V.Zudilin[23,24]得到
的: .

定理14.2 在数$\zeta(5),\zeta(7),\zeta(9),\zeta(11)$ 中至少
有一个无理数.

获得上述结果的主要数论工具是Nesterenko
数的线性无关性判别法则(即定理13.6),以及实数
无理性的判别准则(即定理9.3和它的推论).

第 15 章　数字分布规律:正规数

§ **15.1**　我们知道无理数可表示为无限不循环小数,而且无限不循环小数点表示无理数. 我们要考虑这种表示中,数字 (在十进制中,就是数码$0, 1, \cdots, 9$) 的出现有无规律,而这种规律性是借助 "正规数" 的概念刻画的. 它是由法国数学家 E.Borel[7] 于100多年前首先提出的.

我们通常使用十进制表示一个实数,在信息技术中则常使用二进制.一般地,设 α 是一个实数,g 是一个不等于1的正整数,则 α 有唯一的 g 进制表达式(或称 g 进表达式)

$$\alpha = [\alpha] + \sum_{n=1}^{\infty} a_n g^{-n},$$

其中 $[\alpha] = \sum_{l=0}^{s} b_l g^l$ 是一个整数.当 $\alpha > 0$ 时,我们常将它写作

$$(b_s \cdots b_1 b_0 . a_1 a_2 \cdots a_n \cdots)_g,$$

其中 $a_n, b_l \in \{0, 1, \cdots, g-1\}$ 是 g 进制(或以 g 为底)的数字(也称数字符号),并且有无穷多个 n 使 $a_n < g-1$(参见注2.2中的约定,在 g 进制情形类似).

为研究数的 g 进表示中数字的出现规律,我们只需考虑下列形式的实数:

$$\theta = (0.a_1 a_2 \cdots a_n \cdots)_g.$$

193

设$a \in \{0, 1, \cdots, g-1\}$是$g$进制的一个数字,$N$是一个正整数. 我们用$A_g(a; N; \theta)$表示$\theta$的上述表达式中数字$a$在集合$\{a_1, a_2, \cdots, a_N\}$中出现的次数.更一般些,设$k \geqslant 1$,$B_k = b_1 b_2 \cdots b_k$是长为$k$(即包含$k$个数字)的"数字段",我们用$A_g(B_k; N; \theta)$表示在$\theta$的上述表达式中由最初$N$个数字组成的数字段$a_1 a_2 \cdots a_N$中,$B_k$出现的次数.例如,在十进制中,若$\theta = 0.210\,872\,882\,19\cdots$,则

$$A_{10}(2; 5; \theta) = 1, \quad A_{10}(2; 10; \theta) = 3,$$
$$A_{10}(21; 10; \theta) = 2.$$

如果当$a = 0, 1, \cdots, g-1$时,实数θ满足

$$\lim_{N \to \infty} \frac{A_g(a; N; \theta)}{N} = g^{-1},$$

那么称θ为g进制简单正规数,也称为以g为底(或对于底g)的简单正规数. 如果数θ对所有$k \geqslant 1$及所有长为k的数字段B_k满足

$$\lim_{N \to \infty} \frac{A_g(B_k; N; \theta)}{N} = g^{-k}, \tag{1}$$

那么称θ为g进制正规数,也称为以g为底(或对于底g)的正规数;在不需要强调进制时,简称为正规数.最后,如果数θ在所有g进制($g = 2, 3, \cdots$)中都是正规数,那么将它称为绝对正规数.

对于一般的θ(即$[\theta] \neq 0$),它的正规性由$\{\theta\} = \theta - [\theta]$确定.

有时,我们将对于底g不是正规数的实数称为非g进制正规数;类似地,定义非g进制简单正规

数及非绝对正规数.这三种数通常统称为非正规数.

如果式(1)成立,那么我们就说数字段B_k以渐近频率g^{-k}出现在数字段$a_1 a_2 \cdots a_N$中.直观地讲,一个数若是g进制正规数,则每个数字(或每个长度k的数字段)在其g进制表达式中出现的频率是相同的,渐近地等于g^{-1}(或g^{-k}).

因为有理数只可能表示为有限小数或无限循环小数,在后一情形,容易找出不在其小数表达式中出现的数字段,因此得到:

定理15.1 正规数必是无理数.

还可证明正规数的下列基本性质(下文中的测度概念按Lebesgue意义):

定理15.2 对任何整数$g \geqslant 2$,几乎所有实数都是g进制正规数;换言之,非g进制正规数所组成的集合具有零测度.

定理15.3 几乎所有实数都是绝对正规数.

容易看出,g进制正规数必为g进制简单正规数,但是反过来一般不成立. 例如,在二进制中,$\theta = 0.010101\cdots$(数字段01无限地重复)是简单正规数,但不是正规数,因为数字段11在其表达式中从不出现.可以证明数的正规性与简单正规性之间存在下列关系:

定理15.4 设整数$g \geqslant 2$,则实数θ是g进制正规数, 当且仅当它对于所有的底$g, g^2, \cdots$都是简单正规数.

§15.2 依定理15.2,几乎所有实数都是正规
数,但实际上,被证明为正规数的实数并不多.例
如,迄今我们还不知道$\sqrt{2}$, $\log 2$, e, π等这样一些常
见的无理数是否为(例如,十进制)正规数.有人应
用计算机对π的十进制表达式进行搜索,直到小
数点后$17\,387\,594\,880$(约170多亿)位才出现数字段
$0\,123\,456\,789$,看来计算机试验对于推测π的正规
性似乎无济于事.但另一方面,倒是有一批基于正
规性定义构造的正规数.在这些"人工制造"的
正规数中,第一个也是最著名的一个是实数

$$\theta_1 = 0.123\,456\,789\,101\,112\,13\cdots,$$

即在小数点后按递增顺序依次写出所有正整数
所得到的无限小数(即Mahler十进小数, 见例2.1).
1933年,D.G.Champernowne[9]证明了下列结果(因
而小数θ_1也被称为Champernowne数):

定理15.5 无限小十进小数θ_1是(十进制)
正规数.

为证明此定理,我们首先给出下列辅助命题:

引理15.1 设$x_{1,n}, x_{2,n}, \cdots, x_{m,n}(n=1,2,\cdots)$
是m个无穷实数列,满足条件

$$\lim_{n\to\infty}(x_{1,n} + x_{2,n} + \cdots + x_{m,n}) = 1 \qquad (2)$$

以及

$$\varliminf_{n\to\infty} x_{j,n} \geqslant \frac{1}{m} \quad (j=1,2,\cdots,m), \qquad (3)$$

那么

$$\lim_{n\to\infty} x_{j,n} = \frac{1}{m} \quad (j = 1, 2, \cdots, m). \qquad (4)$$

证　由于命题条件和结论关于$x_{j,n}$对称,因此只对$x_{1,n}$证明式(4).由式(2)和(3),我们有

$$
\begin{aligned}
1 &= \lim_{n\to\infty} \sum_{j=1}^m x_{j,n} = \varlimsup_{n\to\infty} \sum_{j=1}^m x_{j,n} \\
&\geqslant \varlimsup_{n\to\infty} x_{1,n} + \varliminf_{n\to\infty} \sum_{j=2}^m x_{j,n} \\
&\geqslant \varlimsup_{n\to\infty} x_{1,n} + \sum_{j=2}^m \varliminf_{n\to\infty} x_{j,n} \\
&\geqslant \varlimsup_{n\to\infty} x_{1,n} + \frac{m-1}{m}.
\end{aligned}
$$

由此及式(3)可得

$$\varlimsup_{n\to\infty} x_{1,n} \leqslant \frac{1}{m} \leqslant \varliminf_{n\to\infty} x_{1,n},$$

于是式(4)(其中$j = 1$)得证.　　　　　　　□

定理15.5之证　我们在此用X_N表示θ_1的十进小数表达式中最初N个数字组成的数字段,设$B_k = b_1 b_2 \cdots b_k$是任意一个长为k的数字段,要估计B_k在X_N中出现的次数$A(B_k; X_N) = A_{10}(B_k; N)$.

我们将组成X_N的正整数分为若干小节,并用逗号将它们隔开:

$$
\begin{aligned}
X_N = \ &1, 2, 3, 4, 5, 6, 7, 8, 9, 10, 11, 12, 13, 14, \cdots, \\
&a_1 a_2 \cdots a_m, \cdots, \qquad\qquad\qquad (5)
\end{aligned}
$$

197

其中$u = a_1a_2\cdots a_m$表示按顺序排列的最大正整数,其后的省略号表示剩下的数字,但不能形成数$u+1$.例如,数字段

$$12345678910111213141 5\cdots 4014024034$$

可分隔为

$$1,2,3,4,5,6,7,8,9,10,11,12,13,14,15,\cdots,$$
$$401,402,403,4, \tag{6}$$

其中$u = 403$.现在仍然回到式(5),我们可以写出

$$u = a_1 \cdot 10^{m-1} + a_2 \cdot 10^{m-2} + \cdots + a_m, \quad (a_1 \neq 0),$$

并对于$j = 1, 2, \cdots, m-1$,定义数

$$u_j = [u \cdot 10^{-j}]$$
$$= a_1 \cdot 10^{m-1-j} + a_2 \cdot 10^{m-2-j} + \cdots + a_{m-j},$$

其中$[a]$表示实数a的整数部分,这些数就是(在十进制中)

$$u_1 = a_1a_2\cdots a_{m-1},$$
$$u_2 = a_1a_2\cdots a_{m-2},\cdots,u_{m-1} = a_1.$$

因为式(5)中至多有$u+1$个小节,每个小节至多含有m个数字,所以

$$N \leqslant m(u+1). \tag{7}$$

设数字段B_k在上述分隔后的某个位于u之前的小节中出现, 那么这个小节可以写成

$$y_1y_2\cdots y_sb_1b_2\cdots b_kz_1z_2\cdots z_t = Y_sB_kZ_t, \tag{8}$$

198

其中符号Y_s表示$y_1y_2\cdots y_s$, Z_t表示$z_1z_2\cdots z_t$.因为u是式(5)中的最大正整数,所以式(8)中含有的数字个数不超过m,即

$$s + k + t \leqslant m. \tag{9}$$

特别,$(y_1y_2\cdots y_s)_{10}$含有的数字个数$s \leqslant m - k - t$.因为式(8)所对应的正整数小于u,所以它的前s位数字组成的数$(y_1y_2\cdots y_s)_{10}$小于u的前$m - k - t$位数字组成的数$(a_1a_2\cdots a_{m-k-t})_{10}$,亦即

$$(y_1y_2\cdots y_s)_{10} < (a_1a_2\cdots a_{m-k-t})_{10} = u_{k+t}.$$

于是,在式(8)形状的小节中,Y_s有$u_{k+t} - 1$个可能值,Z_t有10^t个可能值(因为Z_t的每个数字都可取0,1,$\cdots$,9这10个可能值),因而在式(5)中出现的式(8)形状的小节的个数至少为

$$\sum_t 10^t(u_{k+t} - 1); \tag{10}$$

注意,由式(9)可知$t \leqslant m - k - s$,而$s \geqslant 1$,所以$t \leqslant m - k - 1$,从而式(10)的求和范围是$0 \leqslant t \leqslant m - k - 1$.另外,我们没有考虑在式(5)中$B_k$跨越两个相邻小节的情形.例如,在式(6)中,数字段$B_k = 014$(此处$k = 3$)可以在两个相邻小节401和402共同组成的数字段401402中出现.因此,无论如何应该有

$$A(B_k; N) \geqslant \sum_{t=0}^{m-k-1} 10^t(u_{k+t} - 1).$$

199

由u_j的定义,我们有$u_j > u \cdot 10^{-j} - 1$,因此

$$
\begin{aligned}
A(B_k; N) &> \sum_{t=0}^{m-k-1} 10^t (u \cdot 10^{-k-t} - 2) \\
&= \sum_{t=0}^{m-k-1} u \cdot 10^{-k} - \sum_{t=0}^{m-k-1} 2 \cdot 10^t \\
&> (m-k) u \cdot 10^{-k} - 10^{m-k}.
\end{aligned}
$$

用$m(u+1)$除上式两边,并注意式(7),可得

$$
\begin{aligned}
& \frac{1}{N} A(B_k; N) \\
&> \frac{m-k}{m} \cdot \frac{u}{u+1} \cdot 10^{-k} - \frac{10^{m-k}}{u+1} \cdot \frac{1}{m} \\
&= 10^{-k} - 10^{-k} \left(\frac{1}{u+1} + \frac{u}{u+1} \cdot \frac{k}{m} \right) - \\
& \frac{10^{m-k}}{u+1} \cdot \frac{1}{m}.
\end{aligned}
\tag{11}
$$

因为

$$
\frac{10^{m-k}}{u+1} \leqslant \frac{10^{m-1}}{u+1} \leqslant \frac{u}{u+1} < 1,
$$

并且当$N \to \infty$时也有$u \to \infty, m \to \infty$以及$k/m \to 0$, 因此当$N$无限增大时,式(11)右边的项

$$
10^{-k} \left(\frac{1}{u+1} + \frac{u}{u+1} \cdot \frac{k}{m} \right) \quad \text{以及} \quad \frac{10^{m-k}}{u+1} \cdot \frac{1}{m}
$$

将无限接近于零.依据这个事实,对于任何给定的$\varepsilon > 0$,我们可以取N充分大,使得

$$
\frac{A(B_k; N)}{N} > 10^{-k} - \varepsilon,
$$

因而

$$
\varlimsup_{N \to \infty} \frac{1}{N} A(B_k; N) \geqslant 10^{-k}.
$$

注意此式对所有长度为k的数字段B_k都成立,而在$X_N = a_1a_2\cdots a_N$中出现的长度为k的数字段依次是

$$a_1a_2\cdots a_k, a_2a_3\cdots a_{k+1}, \cdots, a_{N-k+1}a_{N-k+2}\cdots a_N,$$

总共$N-k+1$个;对于不在上式中出现的数字段B_k,我们有$A(B_k; N) = 0$.因此

$$\lim_{N\to\infty}\sum_{B_k}\frac{1}{N}A(B_k; N) = \lim_{N\to\infty}\frac{N-k+1}{N} = 1.$$

于是,应用引理15.1即得

$$\lim_{N\to\infty}\frac{A(B_k; N)}{N} = 10^{-k}.$$

从而无穷小数θ_1是十进制正规数. □

§15.3 将 Champernowne 的方法加以推广和发展,我们可以构造其他一些类型的正规数,也可由一个已知的正规数产生一些新的正规数.

例15.1 如果在小数点后按递增顺序写出所有二进制整数,那么我们得到二进制 Champernowne数

0.1101110010111011110001001101010111100

11011110⋯;

若将它表示成级数$\sum_{k\geqslant 1}k2^{-c_k}$的形式,则有

$$c_k = k + \sum_{j=1}^{k}[\log_2 j] \quad (k = 1, 2, \cdots).$$

201

例 15.2 我们可以证明无限小数

$$0.\underbrace{1\cdots1}_{s_1}\underbrace{2\cdots2}_{s_1}\cdots\underbrace{9\cdots9}_{s_1}\underbrace{10\cdots10}_{s_2}\underbrace{11\cdots11}_{s_2}\cdots$$
$$\underbrace{99\cdots99}_{s_2}\cdots$$

(即在小数点后按递增顺序依次写上所有正整数,但每个一位数重复 s_1 次, 每个二位数重复 s_2 次,等等,而 $s_1, s_2, \cdots$ 是一个任意的无穷正整数列) 是一个(十进制)正规数.

例 15.3 文献中还有许多重要而有趣的"人工制造"的正规数,例如:

(a) $0.149\,162\,536\,496\,481\,100\,121\cdots$ (在小数点后按大小顺序依次写出所有正整数的平方)是十进制正规数.

(b) $0.235\,711\,131\,719\,232\,9\cdots$ (在小数点后依次写出所有素数)是十进制正规数.

(c) $0.f(1)f(2)f(3)\cdots f(n)\cdots$ 是十进制正规数,其中 $f(x)$ 是一个任意非常数多项式,当 x 取正整数时 $f(x)$ 也取正整数值; 特别,当 $f(x)=x^2$ 时,即得(a).

(d) $0.[g(1)][g(2)][g(3)]\cdots$ 是 g 进制正规数.此处函数

$$g(x) = c_0 x^{\theta_0} + c_1 x^{\theta_1} + \cdots + c_s x^{\theta_s},$$

其中 $c_0 > 0, c_1, \cdots, c_s$ 是 $s+1$ 个非零实数,

$$\theta_0 > \theta_1 > \cdots > \theta_s \geqslant 0,$$

并且这些θ_j中至少有一个不是整数;还设当$x \geqslant 1$时$g(x) \geqslant 1$.特别,对于任何$\theta > 0$, $0.1[2^\theta][3^\theta]\cdots$是$g$进制正规数.

(e) 若$f(x)$同(c),x依次取所有素数值,则实数

$$0.[f(2)][f(3)][f(5)][f(7)][f(11)][f(13)]\cdots$$

是一个g进制正规数.

§15.4 本章最后,我们就正规数进一步讨论无理数的数字分布规律.

设$\theta = 0.a_1a_2\cdots a_n\cdots$是一个$g$进制正规数,例如设$g=10$, 那么可写出数列$\{10^n\theta\}(n = 0, 1, 2, \cdots)$(这里符号$\{a\}$表示实数$a$的分数部分):

$$0.a_1a_2a_3\cdots a_n\cdots, \quad 0.a_2a_3a_4\cdots a_n\cdots,$$
$$0.a_3a_4a_5\cdots a_n\cdots, \cdots,$$

它们都落在区间$[0,1]$中.因为θ是正规数,所以对于任何数字段$B_k = b_1b_2\cdots b_k$,当N充分大时,上述数列中必出现下列形式的数:

$$\{10^n\theta\} = 0.b_1b_2\cdots b_k\cdots,$$

并且当N足够大时,在数列的前N项中,$\{10^n\theta\}$式的数所占的比率大致为10^{-k}, 而且这些数都不超过$\beta = 0.b_1b_2\cdots b_k + 10^{-k}$,其中最小的是$\alpha = 0.b_1b_2\cdots b_k$,因此它们都位于区间$[\alpha, \beta]$中.我们看

到,比率10^{-k}等于两个区间$[\alpha,\beta]$和$[0,1]$的长度之比.这表明数列$\{10^n\theta\}(n=0,1,2,\cdots)$在$[0,1]$中的分布是均匀的.

一般地,设$\omega:x_n(n\geqslant 1)$是一个无穷实数列,$0\leqslant\alpha<\beta\leqslant 1$.对于任何正整数$N\geqslant 1$,我们用$A([\alpha,\beta);N;\omega)$表示$N$个数$\{x_1\},\{x_2\},\cdots,\{x_N\}$中落在区间$[\alpha,\beta)\subseteq[0,1]$中的数的个数.如果对于任何区间$[\alpha,\beta)\subset[0,1]$总有

$$\lim_{N\to\infty}\frac{A([\alpha,\beta);N;\omega)}{N}=\beta-\alpha \qquad (12)$$

(注意,$\beta-\alpha$是子区间$[\alpha,\beta)$与整个区间$[0,1]$的长度之比),那么称ω是模1一致分布数列,并简记为$u.d.\bmod 1$(参见[13]).此处"模1"($\bmod 1$)表示只考虑ω的成员x_n的分数部分$\{x_n\}$.

注15.1 在上述定义中,可将式(12)等价地换为:对于任何$\beta\in(0,1]$,

$$\lim_{N\to\infty}\frac{A([0,\beta);N;\omega)}{N}=\beta.$$

由上面所做的分析可知,正规数与一致分布数列之间存在某种联系.实际上,我们有下列的:

定理15.6 实数θ是g进制正规数,当且仅当数列$\omega=\{g^n\theta(n\geqslant 0)\}$是一致分布$(\bmod 1)$的.

证 由符号$\bmod 1$的意义,不妨设θ有g进表达式

$$\theta=0.a_1a_2\cdots a_n\cdots. \qquad (13)$$

考虑任意一个长为k的数字段$B_k = b_1b_2\cdots b_k$,那么在表达式(13)中, 某个数字段

$$a_m a_{m+1} \cdots a_{m+k-1} = B_k$$

(其中$m \geqslant 1$),当且仅当

$$\theta = \sum_{j=1}^{m-1} \frac{a_j}{g^j} + \frac{b_1}{g^m} + \cdots + \frac{b_k}{g^{m+k-1}} + \sum_{j=m+k}^{\infty} \frac{a_j}{g^j}.$$

于是

$$\{g^{m-1}\theta\} = \frac{b_1 g^{k-1} + \cdots + b_k}{g^k} + \sum_{j=k+1}^{\infty} \frac{a_{j+m-1}}{g^j}.$$

记

$$\alpha = \frac{b_1 g^{k-1} + \cdots + b_k}{g^k}, \quad \beta = \frac{b_1 g^{k-1} + \cdots + b_k + 1}{g^k},$$

$$(14)$$

那么$0 < \alpha < \beta < 1, \{g^{m-1}\theta\} \in [\alpha, \beta) \subseteq [0,1)$. 于是

$$A_g(B_k; N; \theta) = A([\alpha, \beta); N - k + 1; \omega). \quad (15)$$

如果数列ω一致分布(mod 1),那么由式(14)和(15)得

$$\begin{aligned}
&\lim_{N\to\infty} \frac{A_g(B_k; N; \theta)}{N} \\
&= \lim_{N\to\infty} \frac{A([\alpha, \beta); N - k + 1; \omega)}{N - k + 1} \cdot \frac{N - k + 1}{N} \\
&= \beta - \alpha = \frac{1}{g^k}.
\end{aligned} \quad (16)$$

因此θ是g进制正规数.

反过来,设θ是g进制正规数,那么由式(15)和(16)得知,对于任何由式(14)中的有理数α,β定义的区间$[\alpha,\beta)\subseteq[0,1)$都有

$$
\begin{aligned}
&\lim_{N\to\infty}\frac{A([\alpha,\beta);N;\omega)}{N}\\
=\ &\lim_{N\to\infty}\frac{A_g(B_k;N+k-1;\theta)}{N+k-1}\cdot\frac{N+k-1}{N}\\
=\ &\frac{1}{g^k}=\beta-\alpha.
\end{aligned}\tag{17}
$$

现在设$E=[a,b)$是任意给定的$[0,1)$的子区间,那么可以选取子区间$J_1=[\alpha_1,\beta_1)$和$J_2=[\alpha_2,\beta_2)$(此处$\alpha_i,\beta_i(i=1,2)$是式(14)形状的有理数组,其中k代以k_i),使得$J_1\subseteq E\subseteq J_2$. 对于任何给定的$\varepsilon>0$,可以适当选取$k_1,k_2$使得

$$
|E|-\varepsilon<|J_1|=g^{-k_1}<|J_2|=g^{-k_2}<|E|+\varepsilon,
$$

此处$|A|$表示子区间A的长度.于是由式(17)(其中$[\alpha,\beta)$代以$[\alpha_1,\beta_1)$)得知当N充分大时

$$
\frac{A(E;N;\omega)}{N}\geqslant\frac{A([\alpha_1,\beta_1);N;\omega)}{N}>|J_1|-\varepsilon>|E|-2\varepsilon.
$$

类似地,可推出

$$
\frac{A(E;N;\omega)}{N}<|E|+2\varepsilon.
$$

因此,最终得到

$$
\lim_{N\to\infty}\frac{A(E;N;\omega)}{N}=|E|,
$$

亦即数列ω一致分布$(\bmod\ 1)$. $\qquad\square$

第 16 章 点列$\{n\theta\}$的分布:无理性的一种刻画

§16.1 我们继续讨论点列的一致分布.依第15章中给出的定义,无穷实数列$\omega : x_n (n \geqslant 1)$模1一致分布($u.d. \bmod 1$), 等价于对于任何区间$[\alpha, \beta) \subset [0, 1]$

$$\lim_{N \to \infty} \frac{A([\alpha, \beta); N; \omega)}{N} = \beta - \alpha, \qquad (1)$$

其中$0 \leqslant \alpha < \beta \leqslant 1$, $A([\alpha, \beta); N; \omega)$表示$N$个数$\{x_1\}$, $\{x_2\}, \cdots, \{x_N\}$中落在区间$[\alpha, \beta) \subseteq [0, 1]$中的数的个数.因为式(1)的右边是区间$[a, b)$的长度,所以如果用$\chi_{[a, b)}(x)$表示区间$[a, b)$的特征函数,那么式(1)可等价地写为

$$\lim_{N \to \infty} \frac{1}{N} \sum_{n=1}^{N} \chi_{[a,b)}(\{x_n\}) = \int_0^1 \chi_{[a,b)}(x) \mathrm{d}x. \qquad (2)$$

将区间$[a, b)$的特征函数加强为连续函数,就导致下列的数列模1一致分布判别法则:

定理16.1 实数列$\omega : x_n (n \geqslant 1)$模1一致分布的充分必要条件是对于任何$[0, 1]$上的实值连续函数$f(x)$有

$$\lim_{N \to \infty} \frac{1}{N} \sum_{n=1}^{N} f(\{x_n\}) = \int_0^1 f(x) \mathrm{d}x. \qquad (3)$$

证 先证必要性.设数列ω $u.d. \bmod 1$.首先考虑任意一个$[0, 1]$上的阶梯函数$f_0(x)$.设$0 = a_0 < a_1 < \cdots < a_s = 1$, 而$\chi_{[a_i, a_{i+1})}(x)$是区间$[a_i, a_{i+1})$的

特征函数,则

$$f_0(x) = \sum_{i=0}^{s-1} c_i \chi_{[a_i, a_{i+1}]}(x),$$

其中c_i是一些常数.由式(2)可知

$$\lim_{N \to \infty} \frac{1}{N} \sum_{n=1}^{N} f_0(\{x_n\})$$

$$= \sum_{i=0}^{s-1} c_i \lim_{N \to \infty} \frac{1}{N} \sum_{n=1}^{N} \chi_{[a_i, a_{i+1}]}(\{x_n\})$$

$$= \sum_{i=0}^{s-1} c_i \int_0^1 \chi_{[a_i, a_{i+1}]}(x) \mathrm{d}x$$

$$= \int_0^1 \left(\sum_{i=0}^{s-1} c_i \chi_{[a_i, a_{i+1}]}(x) \right) \mathrm{d}x$$

$$= \int_0^1 f_0(x) \mathrm{d}x.$$

于是对于$[0,1]$上的阶梯函数等式(3)成立.

其次,对于$[0,1]$上的任何连续函数$f(x)$,由Riemann积分的基本性质可知,对于任何给定的$\varepsilon > 0$,存在两个阶梯函数$f_1(x)$和$f_2(x)$,满足

$$f_1(x) \leqslant f(x) \leqslant f_2(x) \quad (x \in [0,1]), \qquad (4)$$

并且

$$\int_0^1 \big(f_2(x) - f_1(x)\big) \mathrm{d}x \leqslant \varepsilon. \qquad (5)$$

于是,

$$\int_0^1 f(x)\mathrm{d}x - \varepsilon$$

$$\leqslant \int_0^1 f_2(x)\mathrm{d}x - \varepsilon$$

$$\leqslant \int_0^1 f_1(x)\mathrm{d}x$$

$$= \lim_{N\to\infty} \frac{1}{N}\sum_{n=1}^{N} f_1(\{x_n\})$$

$$\leqslant \varliminf_{N\to\infty} \frac{1}{N}\sum_{n=1}^{N} f(\{x_n\})$$

$$\leqslant \varlimsup_{N\to\infty} \frac{1}{N}\sum_{n=1}^{N} f(\{x_n\})$$

$$\leqslant \lim_{N\to\infty} \frac{1}{N}\sum_{n=1}^{N} f_2(\{x_n\})$$

$$= \int_0^1 f_2(x)\mathrm{d}x$$

$$\leqslant \int_0^1 f_1(x)\mathrm{d}x + \varepsilon$$

$$\leqslant \int_0^1 f(x)\mathrm{d}x + \varepsilon.$$

因为 $\varepsilon > 0$ 可以任意小,所以

$$\varliminf_{N\to\infty} \frac{1}{N}\sum_{n=1}^{N} f(\{x_n\}) = \varlimsup_{N\to\infty} \frac{1}{N}\sum_{n=1}^{N} f(\{x_n\})$$

$$= \int_0^1 f(x)\mathrm{d}x,$$

从而对于任何连续函数 $f(x)$,等式(2)成立.

现证充分性.设数列ω：$x_n(n \geqslant 1)$对于任何$[0,1]$上的连续函数$f(x)$,都满足等式(3).我们证明:对于任何区间$[a,b] \subseteq [0,1]$(其中$0 \leqslant a < b \leqslant 1$),数列$\omega$ 满足等式(1).

对于任何给定的$\varepsilon > 0$,显然存在两个$[0,1]$上的连续函数$g_1(x)$和$g_2(x)$,满足

$$g_1(x) \leqslant \chi_{[a,b)}(x) \leqslant g_2(x),$$

以及

$$\int_0^1 \left(g_2(x) - g_1(x)\right)\mathrm{d}x \leqslant \varepsilon.$$

于是,

$$
\begin{aligned}
b - a - \varepsilon &\leqslant \int_0^1 g_2(x)\mathrm{d}x - \varepsilon \\
&\leqslant \int_0^1 g_1(x)\mathrm{d}x \\
&= \lim_{N \to \infty} \sum_{n=1}^N g_1(\{x_n\}) \\
&\leqslant \varliminf_{N \to \infty} \frac{1}{N} A\big([a,b); N; \omega\big) \\
&\leqslant \varlimsup_{N \to \infty} \frac{1}{N} A\big([a,b); N; \omega\big) \\
&\leqslant \lim_{N \to \infty} \frac{1}{N} \sum_{n=1}^N g_2(\{x_n\}) \\
&= \int_0^1 g_2(x)\mathrm{d}x \\
&\leqslant \int_0^1 g_1(x)\mathrm{d}x + \varepsilon \\
&\leqslant b - a + \varepsilon.
\end{aligned}
$$

因为$\varepsilon > 0$可以任意小,所以

$$\varliminf_{N \to \infty} \frac{1}{N} A\big([a, b); N; \omega\big) = \varlimsup_{N \to \infty} \frac{1}{N} A\big([a, b); N; \omega\big) = b - a.$$

从而对于任何区间$[a, b) \subseteq [0, 1]$,式(1)成立,即数列ω $u.d. \bmod 1$. □

推论1 实数列ω模1一致分布的充分必要条件是对于任何$[0, 1]$上的Riemann可积函数$f(x)$,式(3)成立.

证 因为对于Riemann可积函数$f(x)$,式 (4) 和(5)也成立,所以必要性的证明与定理16.1必要性部分的证明相同. 又因为连续函数一定是Riemann可积的,所以若对于任何$[0, 1]$上的Riemann可积函数$f(x)$,式(3)成立,则对于任何$[0, 1]$上的连续函数$f(x)$, 式(3)也成立,于是依定理16.1的充分性部分推出数列ω $u.d. \bmod 1$. 从而推论1的充分性部分得证. □

推论2 实数列ω模1一致分布的充分必要条件是对于每个$\mathbb{R}$上的复值连续并且周期为1的函数$f(x)$,有

$$\lim_{N \to \infty} \frac{1}{N} \sum_{n=1}^{N} f(x_n) = \int_0^1 f(x) \mathrm{d}x. \tag{6}$$

证 注意$f(x)$的周期性蕴涵$f(\{x\}) = f(x)$. 将定理16.1的必要性部分分别应用于$\mathbb{R}$上的复值函数$f(x)$的实部和虚部,即得推论的必要性部分.

为证充分性部分,可将定理16.1充分性部分的证明应用于实值周期为1的函数$f(x)$(这是$\mathbb{R}$上的复值函数的特殊情形),并且在式 (4) 和 (5) 中要求$g_1(0) = g_1(1)$和$g_2(0) = g_2(1)$(这显然做得到).

□

例16.1 若α是有理数,则数列$n\alpha$ $(n \geqslant 1)$不是$u.d.\bmod 1$的.

证 若α是整数,则$\{n\alpha\} = 0$ $(n = 1, 2, \cdots)$,所以上述结论成立.若$\alpha = p/q$,其中p, q是互素整数,$q > 0$,则$\{n(q\alpha)\} = 0$ $(n = 1, 2, \cdots)$, 于是对于任何区间$[a, b]$(其中$0 \leqslant a < b \leqslant 1$)有

$$A\big([a, b); sq; \omega\big) \leqslant sq - s,$$

其中s是任意正整数,从而

$$\lim_{s \to \infty} \frac{A\big([a, b); sq; \omega\big)}{sq} \leqslant \frac{q - 1}{q}.$$

因此若取a, b满足$b - a > (q - 1)/q$,则数列ω不满足式(1),所以对于$\alpha = p/q$, 上述结论也成立.

例16.2 数列ω:

$$\frac{0}{1}, \frac{0}{2}, \frac{1}{2}, \frac{0}{3}, \frac{1}{3}, \frac{2}{3}, \cdots, \frac{0}{k}, \frac{1}{k}, \cdots, \frac{k-1}{k}, \cdots$$

是$u.d.\bmod 1$的.

证 我们只需验证:对于任何$[0, 1]$上的连续函数$f(x)$,数列ω满足等式(3).为此注意ω的各项属于$(0, 1)$.对于任何$N \in \mathbb{N}$,存在正整数$k = k(N)$,使得

$$N = 1 + 2 + \cdots + k + \tau,$$

其中整数 $\tau \in \{0, \cdots, k\}$,于是

$$\sum_{j=1}^{k} j \leqslant N < \sum_{j=1}^{k+1} j,$$

即整数 k 满足

$$\frac{k(k+1)}{2} \leqslant N < \frac{(k+1)(k+2)}{2}. \qquad (7)$$

我们有

$$\begin{aligned}
\sum_{n=1}^{N} f(x_n) = {} & f\left(\frac{0}{1}\right) + \left(f\left(\frac{0}{2}\right) + f\left(\frac{1}{2}\right)\right) + \cdots + \\
& \left(f\left(\frac{0}{k}\right) + f\left(\frac{1}{k}\right) + \cdots + f\left(\frac{k-1}{k}\right)\right) + \\
& \left(f\left(\frac{0}{k+1}\right) + \cdots + f\left(\frac{\tau}{k+1}\right)\right).
\end{aligned}$$

记

$$I_j = f\left(\frac{0}{j}\right) + f\left(\frac{1}{j}\right) + \cdots + f\left(\frac{j-1}{j}\right)$$
$$(j = 1, 2, \cdots),$$
$$I_k(\tau) = f\left(\frac{0}{k+1}\right) + f\left(\frac{1}{k+1}\right) + \cdots + f\left(\frac{\tau}{k+1}\right)$$
（其中 $\tau < k$），

则

$$\sum_{n=1}^{N} f(x_n) = I_1 + \cdots + I_k + I_k(\tau). \qquad (8)$$

因为函数 $f(x)$ 连续,所以由式 (7) 推出

$$\begin{aligned}
\frac{|I_k(\tau)|}{N} & \leqslant \frac{\tau}{N} \max_{0 \leqslant x \leqslant 1} |f(x)| \\
& < \frac{k}{N} \max_{0 \leqslant x \leqslant 1} |f(x)| \to 0 \quad (N \to \infty). \qquad (9)
\end{aligned}$$

213

又由定积分定义得到

$$\lim_{k\to\infty}\frac{I_k}{k}=\int_0^1 f(x)\mathrm{d}x. \tag{10}$$

此外,由关于数列极限的Stolz定理及式(10)可知

$$\lim_{k\to\infty}\frac{I_1+I_2+\cdots+I_k}{1+2+\cdots+k}=\lim_{k\to\infty}\frac{I_k}{k}=\int_0^1 f(x)\mathrm{d}x. \tag{11}$$

注意,依式(7),我们还有

$$\begin{aligned}
\frac{1+2+\cdots+k}{N} &= \frac{k(k+1)}{2N}\leqslant 1\\
&< \frac{(k+1)(k+2)}{2N}\\
&= \frac{1+2+\cdots+k+(k+1)}{N}\\
&= \frac{1+2+\cdots+k}{N}+\frac{k+1}{N},
\end{aligned}$$

所以

$$1+2+\cdots+k\sim N \quad (N\to\infty). \tag{12}$$

由式(8)(9)(11)和(12)推出

$$\lim_{N\to\infty}\frac{1}{N}\sum_{n=1}^N f(x_n)=\int_0^1 f(x)\mathrm{d}x.$$

依定理16.1可知数列ω $u.d.\mathrm{mod}\,1$.

§16.2 继续我们的讨论.设$h\in\mathbb{Z}\setminus\{0\},\mathrm{i}=\sqrt{-1}$.那么函数

$$f(x)=\mathrm{e}^{2\pi hx\mathrm{i}}$$

214

是实变量x的复值连续且周期为1的函数,因此由定理16.1的推论2可知,若数列

$$\omega : x_n(n \geqslant 1) \ u.d. \mathrm{mod} \ 1,$$

则等式(6)对这样的函数成立. 重要的是,这类函数已足以保证数列ω的模1一致分布性.这个事实是H.Weyl 首先发现的,这就是:

定理16.2 (Weyl 判别法则) 实数列$\omega : x_n$ $(n \geqslant 1)$ 模1一致分布,当且仅当对所有非零整数h有

$$\lim_{N \to \infty} \frac{1}{N} \sum_{n=1}^{N} \mathrm{e}^{2\pi h x_n \mathrm{i}} = 0. \tag{13}$$

证 如上所述,必要性可由定理16.1的推论2推出.现在设等式(13)对任何非零整数h成立,要证明对于每个$\mathbb{R}$上的复值连续并且周期为1的函数$f(x)$, 等式(6) 成立,从而数列ω $u.d. \mathrm{mod} \ 1$.

对于任意给定的$\varepsilon > 0$,由Weierstrass逼近定理,存在某个三角多项式$F(x)$,即$\mathrm{e}^{2\pi \mathrm{i} h x}(h \in \mathbb{Z})$型的函数的有限复系数线性组合, 使得

$$\sup_{0 \leqslant x \leqslant 1} |f(x) - F(x)| \leqslant \varepsilon. \tag{14}$$

于是

$$\left| \int_0^1 f(x)\mathrm{d}x - \frac{1}{N}\sum_{n=1}^N f(x_n) \right|$$

$$\leqslant \left| \int_0^1 \big(f(x) - F(x)\big)\mathrm{d}x \right| +$$

$$\left| \int_0^1 F(x)\mathrm{d}x - \frac{1}{N}\sum_{n=1}^N F(x_n) \right| +$$

$$\left| \frac{1}{N}\sum_{n=1}^N \big(f(x_n) - F(x_n)\big) \right|.$$

由式(14)可知,对于任何N,上述不等式右边第1项和第3项都不超过ε. 对于不等式右边的第2项,若$F(x)$的线性组合包含$c_0\mathrm{e}^{2\pi\mathrm{i}hx}(h=0)$,那么

$$\int_0^1 F(x)\mathrm{d}x = c_0, \quad \frac{1}{N}\sum_{n=1}^N c_0\mathrm{e}^{2\pi\mathrm{i}hx} = c_0 \quad (h=0),$$

从而互相抵消;对于$c_h\mathrm{e}^{2\pi\mathrm{i}hx}(h\neq 0)$类型的项,依式(13)可知取$N$足够大,有

$$\left| \int_0^1 F(x)\mathrm{d}x - \frac{1}{N}\sum_{n=1}^N F(x_n) \right| \leqslant \varepsilon.$$

于是当N充分大时,

$$\left| \int_0^1 f(x)\mathrm{d}x - \frac{1}{N}\sum_{n=1}^N f(x_n) \right| \leqslant 3\varepsilon.$$

因为$\varepsilon > 0$可以任意小,所以式(6)成立.　　□

例16.3　若α是无理数,则数列$n\alpha\,(n\geqslant 1)\ u.$
$d.\bmod 1$.

216

证　这是定理16.2的推论,因为对任何非零整数h,

$$\left|\frac{1}{N}\sum_{n=1}^{N}\mathrm{e}^{2\pi hn\alpha\mathrm{i}}\right|$$

$$=\frac{|\mathrm{e}^{2\pi hN\alpha\mathrm{i}}-1|}{N|\mathrm{e}^{2\pi h\alpha\mathrm{i}}-1|}$$

$$\leqslant\frac{1}{N|\sin\pi h\alpha|}\to 0\quad(N\to\infty),$$

所以由定理16.2得到结论.

例16.4　数列$n\mathrm{e}(n\geqslant 1)$的子列$n!\mathrm{e}(n\geqslant 1)$不是$u.d.\bmod 1$的.

证　我们有

$$\mathrm{e}=1+\frac{1}{1!}+\frac{1}{2!}+\cdots+\frac{1}{n!}+\frac{\mathrm{e}^{\theta}}{(n+1)!}\quad(0<\theta<1),$$

所以当$n>1$时,

$$\{n!\mathrm{e}\}=\frac{\mathrm{e}^{\theta}}{n+1}<\frac{\mathrm{e}}{n+1}.$$

可见数列$\{n!\mathrm{e}\}$只有唯一一个极限点0,从而不可能$u.d.\bmod 1$.详而言之,对于给定的$\varepsilon\in(0,1)$,当$n>n_0=n_0(\varepsilon)$时,$0<\{n!\mathrm{e}\}<\varepsilon$,因此对于任何区间$[a,b]\subseteq[\varepsilon,1]$有$A([a,b);N;\omega)\leqslant n_0$,因而等式(1)不成立.

由例16.1和16.3立得下列定理,它也给出数的无理性的一种刻画:

定理16.3　实数θ是无理数,当且仅当数列$\omega=\{n\theta(n\geqslant 1)\}$一致分布$(\bmod 1)$.

217

注 16.1 可以证明:若θ是无理数,则对于任何给定正整数s, 数列$\omega = \{n^s\theta(n \geqslant 1)\}$一致分布(mod 1).这是下列一般性结果的特殊情形:

定理 16.4 设$P(x)$是实系数多项式,并且至少有一个非常数项系数是无理数,那么数列$\{P(n)(n \geqslant 1)\}$一致分布(mod 1).

§16.3 我们继续讨论数列$\omega = \{n\theta(n \geqslant 1)\}$. 首先我们给出一致分布(mod 1)数列的下列简单性质:

定理 16.5 若数列$\omega : x_n (n \geqslant 1)$一致分布(mod 1),则数列$\overline{\omega} : \{x_n\} (n \geqslant 1)$在$[0,1]$中稠密.

证 设$a \in [0,1]$,不妨认为a不是ω的成员.考虑区间$I(\varepsilon) = (a - \varepsilon, a + \varepsilon) \cap [0,1]$,其中$\varepsilon > 0$任意给定.因为$\omega : x_n (n \geqslant 1)$一致分布(mod 1),所以$\{x_1\}, \cdots, \{x_N\}$中落在$I(\varepsilon)$中的个数

$$A = |I(\varepsilon)| N \big(1 + o(1)\big) \quad (N \to \infty),$$

其中$|I(\varepsilon)|$表示区间$I(\varepsilon)$的长度,显然它大于零. 取n足够大,可使$A \geqslant 1$,因此区间$I(\varepsilon)$中含$\overline{\omega}$中的数.因此$\overline{\omega}$在$[0,1]$中稠密. □

由定理16.3和定理16.5可得:

定理 16.6 若θ是给定的无理数,则数列$\{n\theta\}$$(n \geqslant 1)$在单位区间$[0,1]$中稠密;也就是说,对于任意给定的$\alpha \in [0,1]$和任何$\varepsilon > 0$,存在正整数$n =$

218

$n(\varepsilon)$满足

$$|\{n\theta\} - \alpha| < \varepsilon. \tag{15}$$

这个定理称作Kronecker逼近定理,我们下面给出另一个证明(不应用一致分布概念).

证 因为θ是无理数,所以当整数$m \neq n$时$\{m\theta\} \neq \{n\theta\}$(不然$(m-n)\theta = [m\theta] - [n\theta]$). 又因为$n\theta = n[\theta] + n\{\theta\}, \{n\theta\} = \{n\{\theta\}\}$,所以若式(15)对无理数$\{\theta\}$成立,则对$\theta$也成立.于是不失一般性,我们可以认为$0 < \theta < 1$.

设α, ε给定.由Dirichlet逼近定理,存在整数p, q使得$|q\theta - p| < \varepsilon$.若$q\theta > p$,则$p < q\theta < p + \varepsilon$;若$q\theta < p$,则$p - \varepsilon < q\theta < p$.因此我们总有$0 < \{q\theta\} < \varepsilon$.

考虑数列$\{kq\theta\}\,(k \geqslant 1)$.由$mq\theta = m([q\theta] + \{q\theta\}) = m[q\theta] + m\{q\theta\}$推知$\{mq\theta\} = m\{q\theta\}(m \in \mathbb{N})$, 当且仅当$\{q\theta\} < 1/m$.选取$N$是满足$\{q\theta\} < 1/N$的最大整数,则有

$$\frac{1}{N+1} \leqslant \{q\theta\} < \frac{1}{N}. \tag{16}$$

于是,当$1 \leqslant m \leqslant N$时$\{q\theta\} < 1/N < 1/m$,从而

$$\{mq\theta\} = m\{q\theta\} \quad (m = 1, 2, \ldots, N).$$

由此可知N个数

$$\{q\theta\}, \{2q\theta\}, \cdots, \{Nq\theta\} \tag{17}$$

递增,它们自左而右地落在$(0,1)$中,并且相邻两点间距离相等(等于$\{q\theta\}$). 依式(16),其中最后一项满足$N/(N+1) \leqslant \{Nq\theta\} < 1$,即$1 - 1/(N+1) \leqslant \{Nq\theta\} < 1$. 因此它与区间端点$1$的距离不超过$1/(N+1) \leqslant \{q\theta\} < \varepsilon$. 由此可见,式(17)中的$N$个点将$[0,1]$划分为$N+1$个长度均小于$\varepsilon$的小区间. 因为$\alpha$必落在某个这样的小区间(包括端点)中,所以得到不等式(15). $\qquad\square$

定理16.7 (Kronecker逼近定理的一般形式) 设给定无理数θ和实数α,那么对于任意给定的$\varepsilon > 0$,存在正整数$n = n(\varepsilon)$及整数$\beta = \beta(\varepsilon)$满足不等式

$$|n\theta - \beta - \alpha| < \varepsilon. \qquad (18)$$

证 我们有$\alpha = [\alpha] + \{\alpha\}$. 由定理16.6, 存在正整数$n = n(\varepsilon)$满足不等式$|\{n\theta\} - \{\alpha\}| < \varepsilon$. 因为$\{n\theta\} - \{\alpha\} = n\theta - [n\theta] - \alpha + [\alpha]$,所以令$\beta = [n\theta] - [\alpha]$ 即得式(18). $\qquad\square$

L.Kronecker还给出下列形式的结果:

定理16.8 设θ是给定的无理数,α是任意实数,那么对于任何$N > 0$存在整数$n > N$和整数β满足不等式

$$|n\theta - \beta - \alpha| < \frac{3}{n}.$$

证 由定理9.2,存在互素整数p, q,其中$q > 2N$,满足不等式

$$|q\theta - p| < \frac{1}{q}. \qquad (19)$$

220

因为$q\alpha$必落在某个长度为1的区间$[a, a+1]$(其中a为整数)中,所以存在整数Q,满足

$$|q\alpha - Q| \leqslant \frac{1}{2}.$$

又因为p, q互素,所以(依Euclid算法)存在整数u_0, v_0使得$v_0 p - u_0 q = 1$,从而对于任意整数t有$(qt + v_0 Q)p - (pt + u_0 Q)q = Q$.选取整数$t$满足$-1/2 - v_0 Q/q \leqslant t \leqslant 1/2 - v_0 Q/q$,即知存在整数$u, v$使得$Q$可以表示为

$$Q = vp - uq \quad (\text{其中 } |v| \leqslant \frac{1}{2}q).$$

注意$q(v\theta - u - \alpha) = v(q\theta - p) - (q\alpha - Q)$,由此可得

$$
\begin{aligned}
|q(v\theta - u - \alpha)| \ &< \ |v||q\theta - p| + |q\alpha - Q| \\
&< \ \frac{1}{2}q \cdot \frac{1}{q} + \frac{1}{2} = 1. \quad (20)
\end{aligned}
$$

记$n = q + v$, $\quad \beta = p + u$,则有

$$N < \frac{1}{2}q \leqslant n \leqslant \frac{3}{2}q. \quad (21)$$

最后,从式(19)~(21)推出

$$|n\theta - \beta - \alpha| \leqslant |v\theta - u - \alpha| + |q\theta - p| < \frac{1}{q} + \frac{1}{q} = \frac{2}{q} \leqslant \frac{3}{n}.$$
$$\qquad\qquad\qquad\qquad\qquad\qquad\qquad\qquad \square$$

注16.2 在定理16.8中令N取一列无穷递增的值$N_1 < N_2 < \cdots$,我们可得无穷递增的正整数列$n_j (j \geqslant 1)$及无穷整数列β_j满足

$$|n_j\theta - \beta_j - \alpha| < \frac{3}{n_j} \quad (j \geqslant 1),$$

221

从而

$$\left| \theta - \frac{\beta_j}{n_j} - \frac{\alpha}{n_j} \right| < \frac{3}{n_j^2}, \quad \frac{\beta_j}{n_j} \to \theta \quad (j \to \infty)$$

因此,在定理16.8中,可以认为当N(或n)足够大时β与θ同号.

注 16.3 Kronecker逼近定理可以推广到联立逼近(即多维)情形.

下面给出一个Kronecker逼近定理对无理数判定的应用例子.

例 16.5 设$\xi > 1$是给定实数,在小数点后依次写出(十进制)正整数$[\xi], [\xi^2], [\xi^3], \cdots$,得到无限十进小数

$$\eta = 0.[\xi][\xi^2][\xi^3]\cdots[\xi^n]\cdots,$$

那么η是无理数.

证 (i) 先设$\lg\xi = a/b$是有理数,此处a, b是互素正整数,那么$\xi = 10^{a/b}, \xi^b = 10^a, \xi^{lb} = 10^{la}$(这里$l$是正整数),因此

$$[\xi^{lb}] = [10^{la}] = 10^{la} = 10\cdots0 \quad (la\text{个}0).$$

因为l可以任意大,所以η的十进表示中含有任意长的全由0组成的数字段, 从而是无理数.

(ii) 再设$\lg\xi$是无理数.设$k > 1$是一个取定的整数,记$b = 10^k$.在定理16.8中取$\theta = \lg\xi, \alpha = \left(\lg(b+1) + \lg b\right)/2$,以及$N > 6/\left(\lg(b+1) - \lg b\right)$.那

么存在正整数$n = n(k)$及整数$\beta = \beta(k)$满足

$$\left| n \lg \xi - \beta - \frac{\lg(b+1) + \lg b}{2} \right| < \frac{\lg(b+1) - \lg b}{2}.$$

设N足够大,我们可以认为$\beta > 0$(见注16.2).由上式可得

$$10^{k+\beta} < \xi^n < 10^{k+\beta} + 10^{\beta},$$
$$10^{k+\beta} \leqslant [\xi^n] < 10^{k+\beta} + 10^{\beta}.$$

由此可知$[\xi^n]$的十进表示中,最高数位的数字是1,其后紧接k个0.因为k可以任意大,所以推出η是无理数.

注16.4 若在例16.5中还设$\xi > 1$是整数,则对于上述证明的步骤(ii) (即当$\lg \xi$是无理数的情形)我们可代以下面的证明:

设$\varepsilon_j(j = 1, 2, \cdots)$是一个无穷实数列,$0 < \varepsilon_j < 1(j \geqslant 1)$,且单调下降趋于0.还设$k$是给定的正整数,$t = 10^{2k}$.依定理16.6,数列$\{n \lg \xi\}(n \geqslant 1)$在$[0, 1]$中稠密,因而对于每个$j$,存在正整数$n_j = n_j(k)$满足不等式

$$\left| \{n_j \lg \xi\} - \left\{ \frac{\lg(t+1) + \lg t}{2} \right\} \right| < \varepsilon_j \frac{\lg(t+1) - \lg t}{2}.$$

令$j \to \infty$,得到集合$\mathscr{A} = \{n_j(k)(j = 1, 2, \cdots)\}$.我们区分两种情形:

情形1. $\mathscr{A}$中存在无穷多个不同的正整数$n_l = n_l(k)(l \in \mathscr{N})$ (其中$\mathscr{N}$是$\mathbb{N}$的无穷子集),满足

不等式

$$\left|\{n_l \lg \xi\} - \left\{\frac{\lg(t+1) + \lg t}{2}\right\}\right| < \varepsilon_l \frac{\lg(t+1) - \lg t}{2}.$$

注意$0 < \varepsilon_l < 1$,我们有

$$\left|n_l \lg \xi - m_l - \frac{\lg(t+1) + \lg t}{2}\right|$$
$$< \frac{\lg(t+1) - \lg t}{2}$$
$$(l \in \mathscr{N}),$$

其中

$$m_l = m_l(k) = [n_l \lg \xi] - \left[\frac{\lg(t+1) + \log t}{2}\right].$$

因为k固定,所以可以选取n_l,使对应的$m_l > 0$, 我们将它记为$\overline{n} = \overline{n}(k)$,而对应的$m_l > 0$记作$\overline{m} = \overline{m}(k)$.于是

$$10^{\overline{m}+2k} < \xi^{\overline{n}} < 10^{\overline{m}+2k} + 10^{\overline{m}},$$

因此正整数$\xi^{\overline{n}}$的十进表示中,最高数位的数字是1,其后紧接$2k$个0.

情形2. $\mathscr{A}$中只出现有限多个不同的正整数值.于是存在一个正整数$\widetilde{n} = \widetilde{n}(k)$使对无穷多个$j$满足不等式

$$\left|\{\widetilde{n} \lg \xi\} - \left\{\frac{\lg(t+1) + \lg t}{2}\right\}\right| < \varepsilon_j \frac{\lg(t+1) - \lg t}{2}.$$

因此

$$\{\widetilde{n} \lg \xi\} - \left\{\frac{\lg(t+1) + \lg t}{2}\right\} = 0,$$

亦即

$$\widetilde{n} \lg \xi = [\widetilde{n} \lg \xi] - \left[\frac{\lg(t+1) + \lg t}{2}\right] + \frac{\lg(t+1) + \lg t}{2}.$$

记 $r = [\widetilde{n} \lg \xi], s = [(\lg(t+1) + \lg t)/2]$,由此可得

$$\xi^{2\widetilde{n}} = 10^{2r-2s+2k}(10^{2k} + 1).$$

因为 $(\lg(t+1) + \lg t)/2 = 2k + \lg(1 + 10^{-2k})/2$,所以 $s = 2k$,从而

$$\xi^{2\widetilde{n}} = 10^{2(r-k)}(10^{2k} + 1).$$

上面已设 ξ 是正整数,所以 $r - k \geqslant 0$.若 $r - k = 0$,则得

$$(\xi^{\widetilde{n}})^2 = (10^k)^2 + (1)^2.$$

由不定方程 $x^2 + y^2 = z^2$ 的正整数解的通解公式,这不可能.因此 $r - k > 0$. 于是对于任何正整数 $l, \xi^{2\widetilde{n}l} = 10^{2(r-k)l}(10^{2k} + 1)^l$ 的十进表示中, 尾部出现连续 $2(r - k)l$ 个0,而可取 l 任意大.

如果对于某个 k 出现情形2,我们已完成证明;如果对任何 k 始终出现情形1,那么,η 的十进表示中含有任意长的全由0组成的数字段,也推出 η 的无理性.

第 17 章　再谈非代数无理数:超越数的发现

§17.1　我们知道,无理数可以区分为代数无理数和非代数无理数两类.代数无理数是某个次数大于1的不可约整系数多项式的零点,非代数无理数不满足任何整系数多项式(即不是它的零点).现在我们进一步讨论数与多项式的关系,但不限于考虑实数,而是将数的范围扩大为复数,即所有形如$a + bi$的数,这里$i = \sqrt{-1}$(虚数单位).

如果一个复数α是某个整系数非零多项式的根,那么称它为代数数.不是代数数的(复)数称为超越数;换言之,超越数是不满足任何整系数非零多项式的(复)数.例如, $1, 2/3, -\sqrt{3}+1, i, \sqrt{2}i, (1+\sqrt{5}i)/2, \cdots$ 都是代数数. 可以证明e(自然对数的底),π(圆周率),以及$2^{\sqrt{2}}, 2^{-i}$等都是超越数.

超越数的发现是人类对于数的世界的认识的深化.早在古希腊时代,人们在认识无理数的同时,实际也逐步但相当缓慢地走近超越数.例如,古希腊人虽然知道怎样用无刻度的直尺和圆规作出长度为$\sqrt{2}$的线段,但用同样的工具能否作出与单位圆有相同面积的正方形(即所谓"化圆为方"问题),却使人们困惑了近2000年!千百年的不倦探索,人们意识到$\sqrt{2}$与π这样的数之间存在某种深刻的差别,实际就是它们是否为某个整系数非零多项式的根.

超越数这个名称是G.W.Leibniz于1704年首

先使用的,这个术语用来表示与代数数不同的数.
1748年, L.Euler说过,如果α, β是非零代数数,并且
不存在非零整数r和s使得$\alpha^r \beta^s = 1$,那么$\log \alpha / \log \beta$
是超越数,但没有给出证明(1900 年后,人们又再
次考虑了这个问题).1755年,他又猜测π是超越数.
虽然在此前后(1766年和1806 年)人们分别证明
了e和π的无理性,但直到1844年才由J.Liouville给
出一类由无穷级数表示的"人工制造"的超越数
例子,其中最简单的一个是

$$\theta = \sum_{j=0}^{\infty} 2^{-j!}.$$

比J.Liouville晚30年,即1874年,G.Cantor应用
他的集合论也证实了超越数的存在.他发现,尽管
正整数个数无限,不能逐个地"数"尽,但全体代
数数集合的成员可以与正整数集合的成员之间
建立一一对应,因此代数数集合是"可数的";同
时他发现, 实数集合是"不可数的",即它的成员
与正整数集合的成员之间不能建立一一对应.因
此实数集合中一定存在不是代数数的数,从而得
知超越数的存在性;并且超越数的集合是"不可
数的",换言之, 超越数比代数数"多"得多!这就
是我们所说的:"几乎所有"的数(实数或复数)都
是超越数.

§17.2　现在进一步给出一些关于代数数的
基本知识.

一个代数数 α 必满足某些形如 $P(z)=0$ 的方程,其中 $P(z)$ 是整系数非零多项式,这些多项式中次数最低的一个(并且总认为其系数的最大公因子等于1)称为代数数 α 的极小多项式(因此它在 $\mathbb{Q}$ 上不可约).对于一个复系数非零多项式 P,其次数记作 $\deg(P)$,其系数绝对值的最大值以及系数绝对值的和分别称为这个多项式的高和长,记作 $H(P)$ 和 $L(P)$,还将 $t(P)=d(P)+\log H(P)$ 称作 P 的规格.代数数 α 的极小多项式 $P(z)$ 的次数、高和长分别称为 α 的次数、高和长.当然,$P(z)$ 的所有的根 $\alpha^{(1)}=\alpha,\alpha^{(2)},\cdots,\alpha^{(d)}$ 都是代数数,它们称为 α 的共轭元.并且令

$$\overline{|\alpha|}=\max\{1,|\alpha^{(1)}|,\cdots,|\alpha^{(d)}|\},$$

称为代数数 α 的尺度.如果 $P(z)$ 的最高次项的系数为1,则称 α 为代数整数.为便于区分,平常的整数(当然也是代数整数)有时称为有理整数.可以证明,对于任何代数数 α,存在有理整数 $m>0$,使得 $m\alpha$ 为代数整数,这样的有理整数称为 α 的一个分母;其中最小的一个称为 α 的最小分母,记作 $\mathrm{den}(\alpha)$.例如,$\sqrt{2}\mathrm{i}$ 是一个代数整数,其极小多项式是 $z^2+2=0$.而 2 是代数数 $\sqrt{2}\mathrm{i}/2$ 的一个分母.若 $\alpha,\beta,\cdots$ 是代数数,则存在有理整数 $m>0$ 使得 $m\alpha,m\beta,\cdots$ 都是代数整数,m 称为 $\alpha,\beta,\cdots$ 的一个公分母;其中最小的一个称为它们的最小公分母,记作 $\mathrm{den}(\alpha,\beta,\cdots)$.

可以证明:若复数 α 是某个以代数数为系数

的非零多项式的根,则它也是一个代数数.因此,超越数不满足任何代数系数非零多项式.

全体代数数的集合按通常的运算形成一个域,也就是说,任何两个代数数的和、差、积、商(分母不为零)都是代数数.全体代数数形成的域记作 $\mathbb{A}$.但全体超越数的集合不是域,也就是说,两个超越数的和、差、积、商(分母不为零)不一定仍然是超越数(例如超越数 π 和 $-\pi$ 的和等于 0,是一个代数数).全体复数可划分为代数数与超越数两大类.全体实数又可划分为(实)代数数与(实)超越数两大类.实代数数的集合由有理数(1 次实代数数),代数无理数(次数 $\geqslant 2$ 的实代数数)组成;而无理数的集合则包括代数无理数和(实)超越数两类实数(参见图 17.1).有时,我们也把如 $i = \sqrt{-1}$,$\sqrt{2}i$ 这样的数称为虚二次无理数.另外,若 θ 是一个 d 次代数数,则集合

$$\mathbb{K} = \{a_0 + a_1\theta + \cdots + a_{d-1}\theta^{d-1} \mid a_i \in \mathbb{Q}$$
$$(i = 0, 1, \cdots, d-1)\}$$

的任一元素都是代数数,$\mathbb{K}$(按通常的运算)形成一个域,我们称它为一个 d 次代数数域(简称为数域),并记作 $\mathbb{K} = \mathbb{Q}(\theta)$(在第 1 章中定义的 $\mathbb{Q}(\sqrt{2})$ 是一个 2 次数域).$\mathbb{Q}(\theta)$ 是在 $\mathbb{Q}$ 上添加 θ 得到的 $\mathbb{Q}$ 的单扩张.类似地,对于 s 个代数数 $\theta_1, \cdots, \theta_s$ 可定义 $\mathbb{Q}$ 的有限扩张 $\mathbb{Q}(\theta_1, \cdots, \theta_s)$,它的元素是 $\theta_1, \cdots, \theta_s$ 的有理函数(整系数多项式之商).可以证明,存在代数数 θ 使得 $\mathbb{Q}(\theta_1, \cdots, \theta_s) = \mathbb{Q}(\theta)$,将 θ 的次数称作这

个数域的次数.

图17.1

§17.3 下面是一些例子.

例17.1 $\sqrt{3}$满足方程$x^4 - 9 = 0$,但

$$x^4 - 9 = (x^2 + 3)(x^2 - 3),$$

并且$(\sqrt{3})^2 + 3 \neq 0$,因此$\sqrt{3}$满足次数更低的方程$x^2 - 3 = 0$.又因为$\sqrt{3}$是无理数,所以它不满足1次整系数多项式.因此$x^2 - 3$是$\sqrt{3}$的极小多项式,$\sqrt{3}$是2次代数数.

在例3.1中证明了$\sqrt{2} + \sqrt{3}$是$x^4 - 10x^2 + 1 = 0$的根.可以证明它不满足次数小于4的整系数非零多项式,因此$x^4 - 10x^2 + 1$就是它的极小多项式.因此$\sqrt{2} + \sqrt{3}$是4次代数数.

例17.2 若(实)代数整数$\alpha > 1$,并且它的所有共轭元(α本身除外)都在单位圆$|z| < 1$的内部,则称它为Pisot-Vijayaraghavan数(简称PV数),也称Salem数.如果$\alpha > 1$是有理整数,那么它没有其他共轭元,所以是PV数,因此PV数可看作有理整数的推广.设α是$r(\geqslant 1)$次PV数,共轭元是$\alpha = \alpha_1, \alpha_2, \cdots, \alpha_r$(当然,$\alpha_2, \cdots, \alpha_r$未必是实数),则

$$\alpha = \alpha_1 > 1, \quad |\alpha_j| < 1 \quad (j \neq 1).$$

由初等对称函数的性质可知,对于所有整数$n \geqslant 0, \alpha^n$的迹

$$T(\alpha^n) = \alpha_1^n + \cdots + \alpha_r^n \in \mathbb{Z},$$

因而

$$
\begin{aligned}
\|\alpha^n\| &\leqslant |\alpha^n - T(\alpha^n)| \\
&\leqslant |\alpha_2|^n + \cdots + |\alpha_r|^n \to 0 \quad (n \to \infty).
\end{aligned}
$$

反过来,可以证明:若代数数$\alpha > 1$使得

$$\|\alpha^n\| \to 0 \quad (n \to \infty),$$

则α是PV数.由例3.2和注3.1可知:方程

$$x^s - x^{s-1} - \cdots - x - 1 = 0 \quad (s \geqslant 2),$$

以及

$$x^s - Lx^{s-1} - 1 = 0 \quad (s \geqslant 2, L \in \mathbb{N}, L \geqslant 2)$$

的最大实根都是PV数.

PV数是一类特殊而重要的代数整数,具有一些值得注意的性质.例如,可以证明:若α是PV数,则点列$\alpha^n (n \geqslant 1)$不一致分布(但我们可以应用某些PV数构造一致分布点列).

例17.3 因为全体超越数的集合不是域,所以虽然已经证明e和π都是超越数,但至今还不知道e$+\pi$和eπ是否为超越数.但我们容易证明: e$+$ π和eπ中至少有一个超越数.这是因为若e$+\pi$和eπ

都是代数数,则e和π是代数系数二次方程$z^2-(e+\pi)z+e\pi=0$的根,从而e和π都是代数数,这不可能.

例17.4 如果x,y是两个实数,那么下列两个性质是等价的: (i) x,y中至少有一个超越数;(ii) 复数$x+y\mathrm{i}$是超越数.

事实上,若令$\xi=x+y\mathrm{i}$,则其共轭$\bar{\xi}=x-y\mathrm{i}$,于是$x=(\xi+\bar{\xi})/2,y=(\xi-\bar{\xi})/(2\mathrm{i})$.因此当且仅当$\xi$是代数数时$x$和$y$都是代数数,于是得到上述结论.

由此可知,$e+\pi\mathrm{i},\pi+e\mathrm{i},e+\pi+e\pi\mathrm{i},e\pi+(e+\pi)\mathrm{i}$都是超越数.

第 18 章 第一个"人工"超越数:
Liouville逼近定理及其改进

§18.1 现在回到第一个"人工制造"的超越数的例子.1844年,J.Liouville证明了下列的:

定理18.1 (Liouville逼近定理) 若α是次数为$d \geqslant 2$的代数数,则存在仅与α有关的常数$c = c(\alpha) > 0$,使对于任何有理数$p/q(q > 0)$有

$$\left| \alpha - \frac{p}{q} \right| > cq^{-d} \tag{1}$$

(例如,可取$c(\alpha) = (1+|\alpha|)^{1-d}d^{-1}L(\alpha)^{-1}$,此处$L(\alpha)$是$\alpha$的长).

证1 (i) 若$d = 1$,则α为有理数,设$\alpha = a/b$. 若$p/q \neq \alpha$,则$aq - bp \neq 0$,所以$|aq - bp| \geqslant 1$,从而

$$\left| \alpha - \frac{p}{q} \right| = \frac{|aq - bp|}{bq} \geqslant \frac{1}{bq},$$

因此不等式(1)成立.下面设$d \geqslant 2$.

(ii) 若$|\alpha - p/q| \geqslant 1$,则不等式(1)自然成立(对应地可取$C = 1$).下面设

$$\left| \alpha - \frac{p}{q} \right| < 1. \tag{2}$$

(iii) 设$P(x) \in \mathbb{Z}[x]$是α的极小多项式,其最高次项的系数$a_d > 0$, 还设$P(x)$的全部零点是$\alpha_1(= \alpha), \alpha_2, \cdots, \alpha_d$.那么

$$M = q^d P\left(\frac{p}{q} \right) = q^d a_d \prod_{i=1}^{d} \left(\frac{p}{q} - \alpha_i \right) \in \mathbb{Z}.$$

233

由不等式(2)可得$|p/q| < 1 + |\alpha|$,于是当$i \geqslant 2$时,

$$\left|\alpha_i - \frac{p}{q}\right| < \left|\alpha - \frac{p}{q}\right| + |\alpha - \alpha_i| < 1 + |\alpha| + |\alpha_i|. \quad (3)$$

又由极小多项式的定义及$d \geqslant 2$可知所有$\alpha_i \notin \mathbb{Q}$,所以$M \neq 0$,从而$|M| \geqslant 1$.由此及式(3)推出

$$\begin{aligned}
&\left|\alpha - \frac{p}{q}\right| \\
&= |M|q^{-d}a_d^{-1}\prod_{i=2}^{d}\left|\frac{p}{q} - \alpha_i\right|^{-1} \\
&> 1 \cdot q^{-d}a_d^{-1}\prod_{i=2}^{d}(1 + |\alpha| + |\alpha_i|)^{-1} \\
&= C_1 q^{-d},
\end{aligned}$$

其中

$$C_1 = a_d^{-1}\prod_{i=2}^{d}(1 + |\alpha| + |\alpha_i|)^{-1}.$$

于是令$C = C(\alpha) = \min\{1, C_1\}$,即得结论.

证2 如证1所见,可设$d \geqslant 2$;并且还可设式(2)成立. 于是

$$\left|\alpha + u\left(\frac{p}{q} - \alpha\right)\right| < |\alpha| + 1 \quad (0 \leqslant u \leqslant 1). \quad (4)$$

设$P(x) = \sum_{k=0}^{d}a_k x^k \in \mathbb{Z}[x]$是$\alpha$的极小多项式,那么$P(\alpha) = 0$,于是

$$P\left(\frac{p}{q}\right) = P\left(\frac{p}{q}\right) - P(\alpha) = \int_{p/q}^{\alpha}P'(t)\mathrm{d}t.$$

令
$$t = \alpha + u\left(\frac{p}{q} - \alpha\right),$$

则
$$\int_{p/q}^{\alpha} P'(t)\mathrm{d}t = \left(\frac{p}{q} - \alpha\right)\int_{1}^{0} P'\left(\alpha + u\left(\frac{p}{q} - \alpha\right)\right)\mathrm{d}u,$$

由此及式(4)得到
$$\begin{aligned}
&\left|P\left(\frac{p}{q}\right)\right| \\
\leqslant\ & \left|\frac{p}{q} - \alpha\right| \max_{0 \leqslant u \leqslant 1}\left|P'\left(\alpha + u\left(\frac{p}{q} - \alpha\right)\right)\right| \\
\leqslant\ & \left|\frac{p}{q} - \alpha\right| \sum_{k=1}^{d} k|a_k|(|\alpha| + 1)^{k-1} \\
\leqslant\ & C_2\left|\frac{p}{q} - \alpha\right|,
\end{aligned}$$

其中
$$C_2 = C_2(\alpha) = dL(\alpha)(|\alpha| + 1)^{d-1},$$

而$L(\alpha)$是α的长. 于是
$$\left|\frac{p}{q} - \alpha\right| \geqslant C_2^{-1}\left|q^d P\left(\frac{p}{q}\right)\right| q^{-d}.$$

因为$q^d P(p/q)$是非零整数, 所以$|q^d P(p/q)| \geqslant 1$, 从而
$$\left|\frac{p}{q} - \alpha\right| \geqslant C' q^{-d},$$

其中$C' = C'(\alpha) = C_2^{-1} = d^{-1}L(\alpha)^{-1}(|\alpha| + 1)^{1-d}$.
$$\square$$

Liouville逼近定理可以扩充为下列形式:

定理18.1A 若$1, \alpha_1, \cdots, \alpha_s$在$\mathbb{Q}$上线性无关,并且生成$d$次代数数域,则存在常数

$$C_3 = C_3(\alpha_1, \cdots, \alpha_s),$$

使得对于任何整数$q_1, \cdots, q_s$和p,其中

$$q = \max\{|q_1|, \cdots, |q_s|\} > 0,$$

有

$$|\alpha_1 q_1 + \cdots + \alpha_s q_s - p| > C_3 q^{-d+1}.$$

在定理18.1A中取$s=1$,即得定理18.1.

定理18.1的证明方法可以扩充到多变量情形,即给出多变量整系数多项式在代数点上的值的绝对值的下界估计:

定理18.1B (Liouville估计或Liouville不等式) 设$s \geqslant 1$,α_i是次数为d_i的代数数$(i=1, \cdots, s)$,域$\mathbb{Q}(\alpha_1, \cdots, \alpha_s)$的次数等于$D$.还设

$$P(z_1, \cdots, z_s) = \sum_{k_1=0}^{N_1} \cdots \sum_{k_s=0}^{N_s} c_{k_1, \cdots, k_s} z_1^{k_1} \cdots z_s^{k_s}$$

是$z_1, \cdots, z_s$的整系数多项式.那么,若

$$P(\alpha_1, \cdots, \alpha_s) \neq 0,$$

则

$$|P(\alpha_1, \cdots, \alpha_s)| \geqslant L(P)^{1-\delta D} \prod_{i=1}^{s} L(\alpha_i)^{-\delta D N_i / d_i},$$

其中

$$\delta = \begin{cases} 1 & \text{若}\mathbb{Q}(\alpha_1, \cdots, \alpha_s)\text{是实域}, \\ \dfrac{1}{2} & \text{若}\mathbb{Q}(\alpha_1, \cdots, \alpha_s)\text{是复域}; \end{cases}$$

而$L(P)$是多项式P的长.

注18.1 定理18.1实际上只对实代数数才有意义.因为若$\alpha = a + bi, a, b \in \mathbb{R}$,并且$b \neq 0$,则对任何$p/q \in \mathbb{Q}$,

$$\begin{aligned} \left| \alpha - \frac{p}{q} \right| &= \left| \left(a - \frac{p}{q} \right) + bi \right| \\ &= \sqrt{\left(a - \frac{p}{q} \right)^2 + b^2} \\ &\geqslant |b| > 0, \end{aligned}$$

§18.2 定理18.1表明一个次数大于1的代数数只可能被有理数"较差"地逼近,因此,如果一个实数能用有理数"很好"地逼近,那就应该是超越数. 据此Liouville证明了一类无穷级数的值的超越性,如我们上面所说,给出第一个具体的"人工"超越数例子:

$$\theta = \sum_{j=0}^{\infty} 2^{-j!}.$$

我们取

$$\frac{p_n}{q_n} = \sum_{j=0}^{n} \frac{1}{2^{j!}}, \quad q_n = 2^{n!} \quad (n \geqslant 1),$$

那么可得不等式

$$0 < \left| \theta - \frac{p_n}{q_n} \right| < C_3 q_n^{-n-1}$$

(其中 $C_3 > 0$ 是常数).因为 n 可以任意大,所以由 Liouville逼近定理推出 θ 是超越数.

一般地,如果对于实数 θ,存在由不同的有理数组成的无穷数列 $p_n / q_n \, (q_n > 0) \, (n \geqslant 0)$,使得

$$0 < \left| \theta - \frac{p_n}{q_n} \right| < q_n^{-\lambda_n}, \tag{5}$$

其中 $\lambda_n > 0, \lim\limits_{n \to \infty} \lambda_n = \infty$,那么依Liouville逼近定理, θ 是超越数.我们称满足不等式(5)的实数 θ 为 Liouville数.

§18.3 K.Mahler给出了下列数的超越性充要条件,应用这个定理也可推出Liouville数的存在性.

定理18.2 设 $\xi \in \mathbb{C}$,那么 $\xi \in \mathbb{A}$ 的充要条件是:存在由不同的整系数多项式组成的无穷序列 $P_n(z) \, (n \geqslant 1)$ 及一个无穷正整数列 $\omega_n \, (n \geqslant 1)$,具有下列性质:

(a) $\omega_n \to \infty$,

(b) $0 < |P_n(\xi)| \leqslant \Lambda(P_n)^{-\omega_n} \, (n \geqslant n_0)$,

其中 n_0 是某个常数, $\Lambda(P_n) = 2^{\deg(P_n)} L(P_n)$.

现在应用定理18.2证明满足不等式(5)的实数 θ 是超越数.

显然正整数 $q_n \to \infty$. 定义多项式

$$P_n(z) = q_n z - p_n \quad (n \geqslant 1),$$

那么由式(5)推出:当 n 足够大时,

$$|p_n| \leqslant |q_n\theta - p_n| + |q_n\theta| \leqslant 1 + |\theta|q_n \leqslant (1 + |\theta|)q_n,$$

于是

$$L(P_n) \leqslant (2 + |\theta|)q_n,$$

从而

$$\Lambda(P_n) \leqslant (4 + 2|\theta|)q_n.$$

由不等式(5)可知当 n 足够大时

$$
\begin{aligned}
0 \quad &< \quad |P_n(\theta)| < q_n^{-\lambda_n+1} \\
&\leqslant \quad \left(\frac{q_n}{4+2|\theta|}\right)^{-(\lambda_n-1)/2} \Lambda(P_n)^{-(\lambda_n-1)/2}
\end{aligned}
$$

因此,当 $n \geqslant n_0$ 时,

$$0 < |P_n(\theta)| \leqslant \Lambda(P_n)^{-(\lambda_n-1)/2}.$$

取 $\omega_n = (\lambda_n - 1)/2$,则定理18.2的全部条件在此成立,于是推出 θ 的超越性.

因为定理18.2中多项式 $P_n(z)$ 的次数一般大于1,因此可以推测全体Liouville数形成超越数集合的一个真子集,即存在非Liouville数的超越数.

§18.4　由定理18.1可知:对于 d 次代数数 α, 当 $\mu > d$ 时,不等式

$$\left|\alpha - \frac{p}{q}\right| < q^{-\mu}$$

239

只有有限多个有理解p/q.定理中的指数μ不是最优的.20世纪前半叶,指数μ被人们逐次改进,对此有下列的历史记录(d表示代数数α的次数):

A.Thue(1909): $\quad \mu > \dfrac{d}{2} + 1.$

G.L.Siegel(1921): $\quad \mu > 2\sqrt{d}.$

F.J.Dyson(1947) 和 A.O.Gelfond (1948) (独立地): $\quad \mu > \sqrt{2d}.$

K.F.Roth(1955): $\quad \mu > 2.$详而言之,就是:

定理18.3 (Roth逼近定理) 若α是次数为$d \geqslant 2$的代数数,则对于任何给定的$\varepsilon > 0$,不等式

$$\left| \alpha - \frac{p}{q} \right| < q^{-(2+\varepsilon)}$$

只有有限多个有理解$p/q(q > 0)$,并且指数$2 + \varepsilon$不能换为2.

Roth逼近定理还可等价地表述为:

定理18.3A 若α是次数$d \geqslant 2$的(实)代数数,则对于任何给定的$\varepsilon > 0$,存在正常数$C_4 = C_4(\alpha, \varepsilon)$,使得对于任何有理数$p/q(q > 0)$,有

$$\left| \alpha - \frac{p}{q} \right| > C_4 q^{-(2+\varepsilon)}.$$

在文献中,Roth逼近定理也称作 Thue-Siegel-Roth 定理.这是最佳的结果,K.F.Roth 为此荣获 1958 年Fieldz奖.

例18.1　应用Liouville逼近定理的一种改进形式,K.Mahler 于1937年证明了无限十进小数

$$\theta_1 = 0.123\,456\,789\,101\,112\,13\cdots$$

(即在小数点后按递增顺序依次写出所有正整数 $1,2,3,\cdots$ 所得到的无限小数) 是超越数但不是Liouvlle数(参见例2.1).1976年,他又应用Roth逼近定理的一种变体,将这个结论扩充到无限十进小数

$$0.\underbrace{1\cdots1}_{s_1}\underbrace{2\cdots2}_{s_1}\cdots\underbrace{9\cdots9}_{s_1}\underbrace{10\cdots10}_{s_2}\underbrace{11\cdots11}_{s_2}\cdots$$
$$\underbrace{99\cdots99}_{s_2}\cdots.$$

而在其前(1957年),用同样的方法,他还证明了级数 $\sum\limits_{n=0}^{\infty}2^{-2^n}$ 的值是超越数.这个级数的收敛速度比上面所说的级数 $\sum\limits_{n=0}^{\infty}2^{-n!}$ 要慢得多.

注18.2　注意,当 α 不是实数时,上述结论显然正确.例如,对于

$$\alpha = 1 + \sqrt{5}\mathrm{i}, |\alpha - p/q| = \sqrt{5 + (1 - p/q)^2} \geqslant \sqrt{5}$$

(参见注18.1).

§18.5　20世纪70年代,W.M.Schmidt(参见[17])将 Roth 的结果扩充到联立逼近的情形. 我们用 $\|a\|$ 表示实数 a 与离它最近的整数间的距离,即

$$\|a\| = \min\{a - [a], [a] + 1 - a\}.$$

定理18.4 (Schmidt 联立逼近定理) 若给定实代数数 $\alpha_1, \cdots, \alpha_s$,使得 $1, \alpha_1, \cdots, \alpha_s$ 在 $\mathbb{Q}$ 上线性无关,则对于任何 $\varepsilon > 0$,有:

(a) 不等式

$$\|q\alpha_1\| \cdots \|q\alpha_s\| q^{1+\varepsilon} < 1 \qquad (6)$$

只有有限多个整数解 $q > 0$.

(b) 不等式

$$\|q_1\alpha_1 + \cdots + q_s\alpha_s\| |q_1 \cdots q_s|^{1+\varepsilon} < 1$$

只有有限多组整数解 $(q_1, \cdots, q_s)$,且 q_j 全不为零.

注意,可以证明上述定理中性质(a)和(b)是等价的.文献中,定理18.3也称作Thue-Siegel-Roth-Schmidt 定理. 由 Schmidt 联立逼近定理可推出: 若 $\alpha_1, \cdots, \alpha_s$ 是实代数数, $1, \alpha_1, \cdots, \alpha_s$ 在 $\mathbb{Q}$ 上线性无关,则对于任何 $\varepsilon > 0$,只有有限多组有理数 $(p_1/q, \cdots, p_n/q)$ (其中 $q > 0$) 满足不等式

$$\left| \alpha_i - \frac{p_i}{q} \right| < \frac{1}{q^{1+1/n+\varepsilon}} \quad (i = 1, \cdots, n);$$

并且只有有限多组整数 $(p, q_1, \cdots, q_n)$ 满足不等式

$$|q_1\alpha_1 + \cdots + q_n\alpha_n - p| < \left(\max_{1 \leqslant i \leqslant n} |q_i| \right)^{-n-\varepsilon}.$$

特别,当 $n = 1$ 时我们得到Roth逼近定理.

例18.2 应用Schmidt联立逼近定理,我们也

可以构造一些级数, 其和为超越数,例如:

$$\sum_{n=1}^{\infty}\frac{1}{nF_{2^n}}, \quad \sum_{n=1}^{\infty}\frac{1}{(n+1)F_{2^n}}, \quad \sum_{n=1}^{\infty}\frac{[\mathrm{e}^n]}{F_{2^n}},$$

$$\sum_{n=1}^{\infty}\frac{[n\mathrm{e}]}{F_{2^n}}, \quad \sum_{n=1}^{\infty}\frac{1}{F_{n!}}, \quad \sum_{n=1}^{\infty}\frac{1}{F_{F_{2^n}}}$$

(F_n是Fibonacci数),等等.

§18.6 1972年,W.M.Schmidt(参见[17])还将上述联立逼近定理扩充到代数系数线性形的情形,证明了:

定理18.5 (Schmidt子空间定理) 设

$$L_i(\mathbf{x}) = \sum_{j=1}^{n}\alpha_{ij}x_j \quad (i = 1, 2, \cdots, n)$$

是变元$\mathbf{x} = (x_1, x_2, \cdots. x_n)$的(实或复)代数系数线性型,在$\mathbb{Q}$上线性无关.那么对于任何给定的$\varepsilon > 0$,存在$\mathbb{Q}^n$的有限多个真(线性)子空间$T_1, \cdots, T_w$,使得每个满足不等式

$$\prod_{i=1}^{n}|L_i(\mathbf{x})| < (\max_{1 \leqslant i \leqslant n}|x_i|)^{-\varepsilon} \tag{7}$$

的整向量$\mathbf{x}$都属于$T_1 \cup \cdots \cup T_w$.

注18.3 $\mathbb{Q}^n$的(线性)子空间由若干有理系数线性方程$a_1x_1 + \cdots + a_nx_n = 0$定义,也称为$\mathbb{R}^n$的有理子空间.

Schmidt子空间定理是一个关于代数数有理逼近的一般性命题,并且在Diophantine方程和Diophantine逼近问题中有重要应用.下列一些推论

243

表明它蕴涵上述Roth逼近定理和Schmidt逼近定理.

推论1 Schmidt子空间定理蕴涵Roth逼近定理.

证 在定理18.5中取$n = 2$,记$\mathbf{x} = (x, y)$.令线性型$L_1(\mathbf{x}) = \alpha x - y, L_2(\mathbf{x}) = x$,其中$\alpha$是代数数.由定理18.5,对于任何$\varepsilon > 0$,所有满足

$$|\alpha x - y||x| < \max\{|x|, |y|\}^{-\varepsilon} \tag{8}$$

的整点$\mathbf{x} = (q, p)$都落在有限多条形如

$$y = kx \quad (k \in \mathbb{Q}) \tag{9}$$

的直线上.每条直线上只可能含有有限多个这样的整点.事实上,如果整点(q_0, p_0)在直线(9)上并且满足不等式(8),(tq_0, tp_0) $(t \in \mathbb{Z})$是任意一个具有同样性质的整点, 那么由式(8)得到

$$|tq_0\alpha - tp_0| < \max\{|tq_0|, |tp_0|\}^{-\varepsilon}|tq_0|^{-1},$$

因此

$$|t|^{2+\varepsilon} < |q_0|^{-1-\varepsilon}|q_0\alpha - p_0|^{-1}.$$

可见$|t|$的个数有限.于是我们得到Roth逼近定理(定理18.3). □

推论2 Schmidt子空间定理蕴涵Schmidt逼近定理.

证 我们只需由定理18.5推出定理18.4中的命题(a).

(i) 设有无穷多个整数 $q > 0$ 满足不等式(6), 对于每个 q 存在整数 $p_1, \cdots, p_s$ 使得 $\|\alpha_i q\| = |\alpha_i q - p_i|$ $(i = 1, \cdots, s)$. 记 $n = s + 1$ 以及

$$\mathbf{x} = (x_1, \cdots, x_s, x_n) = (p_1, \cdots, p_s, q),$$

取线性型

$$L_i(\mathbf{x}) = \alpha_i x_n - x_i \quad (i = 1, \cdots, s), \quad L_n(\mathbf{x}) = x_n.$$

若

$$\gamma_i L_i(\mathbf{x}) + \cdots + \gamma_n L_n(\mathbf{x}) = 0, \quad (\gamma_i \in \mathbb{Q}, i = 1, \cdots, n),$$

则比较等式两边 x_n 的系数得到

$$\gamma_1 \alpha_1 + \cdots + \gamma_s \alpha_s + \gamma_n = 0,$$

因为 $1, \alpha_1, \cdots, \alpha_s$ 在 $\mathbb{Q}$ 上线性无关, 所以所有系数 $\gamma_i = 0$, 因此上面取定的线性型在 $\mathbb{Q}$ 上线性无关. 又因为

$$|p_i| < |\alpha_i q - p_i| + |\alpha_i q| \leqslant \frac{1}{2} + |\alpha_i| q,$$

所以

$$\max_{1 \leqslant i \leqslant n} |x_i| < cq, \quad (\text{其中} c = 1 + \max_{1 \leqslant i \leqslant n} |\alpha_i|),$$

于是由不等式(6)可知, 当 $q > c^\varepsilon$ 时, $q^{-1-\varepsilon} < (cq)^{-\varepsilon}$, 因此 $\mathbf{x}$ 满足不等式(7).

依定理18.5(注意 T_i 个数有限而 q 个数无穷), 有无穷多个 $\mathbf{x}$ 落在 $\mathbb{Q}^n$ 的某个真子空间 T 中, 于是满足一个(有理)整系数的线性方程

$$c_1 x_1 + \cdots + c_s x_s + + c_n x_n = 0$$

(其中整数$c_1, \cdots, c_s, c_n$互素).由此可知

$$c_1 p_1 + \cdots + c_s p_s + c_n q = 0,$$

从而

$$
\begin{aligned}
& c_1(\alpha_1 q - p_1) + \cdots + c_s(\alpha_s q - p_s) \\
= {} & c_1(\alpha_1 q - p_1) + \cdots + c_s(\alpha_s q - p_s) - \\
& (c_1 p_1 + \cdots + c_s p_s + c_n q) \\
= {} & (c_1 \alpha_1 + \cdots + c_s \alpha_s + c_n)q,
\end{aligned}
$$

即

$$c_1 \|\alpha_1 q\| + \cdots + c_s \|\alpha_s q\| = (c_1 \alpha_1 + \cdots + c_s \alpha_s + c_n)q. \tag{10}$$

因为$1, \alpha_1, \cdots, \alpha_s$在$\mathbb{Q}$上线性无关,所以常数

$$\gamma = |c_1 \alpha_1 + \cdots + c_s \alpha_s + c_n| > 0,$$

于是由式(10)推出

$$
\begin{aligned}
q & < \gamma^{-1}(|c_1| \|\alpha_1 q\| + \cdots + |c_s| \|\alpha_s q\|) \\
& \leqslant \frac{1}{2\gamma}(|c_1| + \cdots + |c_s|) \\
& < \infty.
\end{aligned}
$$

我们得到矛盾,因此定理18.4命题(a)成立.　□

第 19 章　e和π的超越性:
Lindemann-Weierstrass 定理及E函数

§19.1　e和π的超越性问题是19世纪后半叶解决的.1873年C.Hermite 证明了e是超越数.1882年,F.Lindemann推广了他的方法,证明了π是超越数.这些证明的概要如下(参见[11]):

e的超越性的证明概要: 设e是代数数,其极小多项式是

$$P(x) = a_n x^n + a_{n-1} x^{n-1} + \cdots + a_0 \quad (a_n \neq 0),$$

那么

$$P(\mathrm{e}) = a_n \mathrm{e}^n + a_{n-1} \mathrm{e}^{n-1} + \cdots + a_0 = 0.$$

设p是一个充分大的素数.定义辅助多项式

$$f(x) = x^{p-1}(x-1)^p \cdots (x-n)^p.$$

记

$$I = \sum_{i=0}^{n} a_i \int_0^i \mathrm{e}^{i-u} f(u) \mathrm{d}u.$$

一方面,我们可以证明:对于充分大的p,数I是一个可被$(p-1)!$整除的非零整数,从而

$$|I| \geqslant (p-1)!. \tag{1}$$

另一方面,我们可以推出估值:

$$|I| \leqslant c^p, \tag{2}$$

247

其中$c > 0$是与p无关的常数.现在取素数p满足

$$p - \left(\left[\frac{p}{2}\right] + 1\right) > c^2,$$

那么有

$$(p-1)! > (p-1)(p-2)\cdots\left(p - \left(\left[\frac{p}{2}\right] + 1\right)\right)$$
$$> \left(c^2\right)^{[p/2]+1} > c^p.$$

从而式(1)和(2)矛盾.因此e是超越数.

π的超越性的证明概要: 设π是代数数,那么$\tau = \mathrm{i}\pi$也是代数数.以$\tau_1(= \tau), \tau_2, \cdots, \tau_n$表示$\tau$的全部共轭(即$\tau$的极小多项式的全部根),还设$\tau$的极小多项式的最高项系数是整数$m$.将$2^n$个数

$$\varepsilon_1\tau_1 + \varepsilon_2\tau_2 + \cdots + \varepsilon_n\tau_n$$

(其中$\varepsilon_1, \cdots, \varepsilon_n$互相独立地取值0或1)中不为零的熟记为$\alpha_1, \cdots, \alpha_s$.设$p$是一个充分大的素数.作辅助多项式

$$g(x) = m^{sp}x^{p-\alpha_1}\cdots(x - \alpha_s)^p.$$

记

$$J = \sum_{k=1}^{s}\int_{0}^{\alpha_k} \mathrm{e}^{\alpha_k - u}g(u)\mathrm{d}u.$$

那么我们可以证明$|J| \geqslant (p-1)!$和$|J| \leqslant c^p$.于是可类似于上面推出矛盾. 因此$\mathrm{i}\pi$(从而π)是超越数.

除了上面的独立证明外,e和π的超越性可以作为下述更为一般性定理的特殊情形而得到.这

个一般性定理是F.Lindemann于1882年提出,而后由K.Weierstrass于1885年证明的.

定理 19.1 (Lindemann-Weierstrass定理) 如果$\theta_1, \cdots, \theta_s$是两两互异的$s(\geqslant 1)$个代数数,那么由关系式

$$\beta_1 \mathrm{e}^{\theta_1} + \cdots + \beta_s \mathrm{e}^{\theta_s} = 0$$

可推出:或者至少有一个(复)系数β_j是超越数,或者所有的系数β_j都为零(即$\mathrm{e}^{\theta_1}, \cdots, \mathrm{e}^{\theta_s}$在$\mathbb{A}$上线性无关).

注意,Lindemann-Weierstrass定理可以等价地叙述为:若$s \geqslant 1$,代数数$\theta_1, \cdots, \theta_s$在$\mathbb{Q}$上线性无关,则$\mathrm{e}^{\theta_1}, \cdots, \mathrm{e}^{\theta_s}$在$\mathbb{Q}$上代数无关,也就是说,对于任何$s$个变量的整系数非零多项式$P(z_1, \cdots, z_s)$,总有

$$P(\mathrm{e}^{\theta_1}, \cdots, \mathrm{e}^{\theta_s}) \neq 0$$

(代数无关性的概念将在第21章中进一步介绍).

在Lindemann-Weierstrass定理中取$\theta_1 = 0$及$\theta_2 = z$,其中z是非零(复)代数数, 那么我们有

$$\mathrm{e}^z \cdot \mathrm{e}^0 + (-1) \cdot \mathrm{e}^z = 0.$$

因为系数$\beta_1 = \mathrm{e}^z, \beta_2 = -1$都不为零,所以由Lindemann-Weierstrass定理可知这两个系数中至少有一个是超越数.于是我们得到:

定理 19.2 (Hermite-Lindemann定理) 若z是非零代数数,则e^z是超越数.

特别,取$z = 1$,可知e是超越数.取$z = 2\pi i$,因为$e^z = 1$不是超越数,所以$2\pi i$不可能是代数数,即得知π是超越数.

现在设α是非零代数数,并记$a = \sin\alpha$,由Euler公式

$$\sin\alpha = \frac{e^{i\alpha} - e^{-i\alpha}}{2i}$$

可得

$$e^{i\alpha} - e^{-i\alpha} - 2iae^0 = 0,$$

应用Lindemann-Weierstrass定理即可推出$a = \sin\alpha$是超越数.类似的推理对$\cos\alpha$ 等也成立.因此,三角函数在非零代数数上的值是超越数.

记$\log\alpha = a$(此处$\log\alpha$表示α的自然对数的任意分支),那么$e^a = \alpha$.依Hermite-Lindemann定理,若$a \neq 0$是代数数,则α是超越数; 而当$a = 0$时,$\alpha = 1$.因此,若$\alpha \neq 0, 1$是代数数,则$\log\alpha$是超越数.

§19.2 上面所述C.Hermite,F.Lindemann和K.Weierstrass的工作为20世纪超越数论的发展奠定了基础.20世纪30年代和50年代,C.L.Siegel和A.B.Shidlovski发展了他们的方法和理论(参见[18–19]),研究了更为广泛的一类解析函数(称作E函数)的值的超越性质.如果函数$f(z)$有幂级数展开

$$f(z) = \sum_{n=0}^{\infty} C_n \frac{z^n}{n!},$$

其中系数C_n属于数域$\mathbb{K}$,满足下列条件:

(i) $|\overline{C_n}| \leqslant Cn^{\varepsilon n}$ (当$n \to \infty$时);

(ii) 存在正整数列q_n $(n = 1, 2, \cdots)$使得对于每个$n \geqslant 1, q_n C_k$ $(k = 0, \cdots, n)$都是$\mathbb{K}$中的代数整数,并且$q_n \leqslant Cn^{\varepsilon n}$ (当$n \to \infty$时),此处$\varepsilon > 0$任意给定,$C > 0$是一个常数;

那么我们称函数$f(z)$是一个E函数.

由定义可知E函数是整函数.可以证明$e^z, \sin z, \cos z$以及具有代数系数的多项式函数,还有某些超几何函数,都是E函数.对于满足某些类型的微分方程的E函数,可以得到它们在代数数上的值的超越性或代数无关性.这就是:

定理 19.3 (Siegel-Shidlovski定理) 设

$$f_1(z), \cdots, f_s(z)$$

是一组E函数,满足线性微分方程组

$$y_i'(z) = q_{i0}(z) + \sum_{j=1}^{m} q_{ij}(z)y_j(z) \quad (i = 1, \cdots, s),$$

其中所有$q_{ij}(z) \in \mathbb{C}(z)$.还设代数数$\alpha \neq 0$不是这个微分方程组的奇点. 那么,若$f_1(z), \cdots, f_s(z)$在$\mathbb{C}(z)$上代数无关,也就是说,对于任何复系数非零多项式$P(z, z_1, \cdots, z_s)$,函数

$$P(z, f_1(z), \cdots, f_s(z))$$

总不恒等于零,则$f_1(\alpha), \cdots, f_s(\alpha)$在$\mathbb{Q}$上代数无关.

例 19.1 在Siegel-Shidlovski定理中取

$$f_j(z) = e^{\theta_j z} \quad (j = 1, \cdots, s),$$

251

其中$\theta_1,\cdots,\theta_s$是代数数,在$\mathbb{Q}$上线性无关. 那么

$$\frac{\mathrm{d}}{\mathrm{d}z}\mathrm{e}^{\theta_j z}=\theta_j\mathrm{e}^{\theta_j z}\quad(j=1,\cdots,s),$$

并且可以证明函数$\mathrm{e}^{\theta_1 z},\cdots,\mathrm{e}^{\theta_s z}$在$\mathbb{C}(z)$上代数无关.于是我们推出$f_1(1)=\mathrm{e}^{\theta_1},\cdots,f_s(1)=\mathrm{e}^{\theta_s}$在$\mathbb{Q}$上代数无关.这正是Lindemann-Weierstrass定理.

例19.2 设有理数$\lambda\neq-1,-2,\cdots$.考虑超几何函数

$$K_\lambda(z)=\sum_{n=0}^\infty\frac{(-1)^n}{n!(\lambda+1)_n}\left(\frac{z}{2}\right)^{2n},$$

这里符号$(x)_n=x(x-1)\cdots(x-n+1)$.函数$f_1(z)=K_\lambda(z)$和$f_2(z)=K_\lambda'(z)$满足微分方程组

$$y_1'=y_2,\quad y_2'=-\frac{2\lambda+1}{z}y_2-y_1.$$

还可证明当有理数$\lambda\neq-1,-2,\cdots$,并且不等于任何(正)奇数的1/2时,$f_1(z)$和$f_2(z)$在$\mathbb{C}(z)$上代数无关.因此由Siegel-Shidlovski定理可知,对于这些有理数λ及任何非零代数数ξ,数$K_\lambda(\xi)$和$K_\lambda'(\xi)$在$\mathbb{Q}$上代数无关.特别,由关系式

$$J_\lambda(z)=\frac{1}{\Gamma(\lambda+1)}\left(\frac{z}{2}\right)^\lambda K_\lambda(z)$$

推出,对于这些有理数λ,Bessel函数$J_\lambda(z)$的非零零点都是超越数.

代替满足微分方程的假设条件,20世纪30年代,K.Mahler考虑了满足某些函数方程的函数,提

出一种研究这些函数在代数数上的值的超越性的方法.例如,由幂级数定义的函数

$$F(z) = \sum_{n=0}^{\infty} z^{d^n} \quad (|z| < 1)$$

(其中$d>1$是一个给定整数)满足函数方程$F(z^d) = F(z) - z$.K.Mahler证明了:对于任何代数数$\alpha(0 < |\alpha| < 1)$,函数值$F(\alpha)$都是超越数.满足某些函数方程及适当的数论条件的函数通常称为Mahler型函数.Mahler方法在20世纪70年代后得到进一步的发展.

E函数和Mahler型函数的超越性质的研究至今仍是超越数论的重要课题.类似的研究还进一步扩充到一些新的解析或半纯函数类(它们称作G函数,F函数,K函数).

第 20 章　α^β 的超越性: Hilbert 第7问题的解

§ 20.1　1900年, D.Hilbert在国际数学家大会上提出23个数学问题, 他认为这些问题对于20世纪数学发展具有重要意义. 其中第7个问题是关于某些数的超越性或无理性的. 例如 $2^{\sqrt{2}}$, e^π 等是否是超越数? 这些例子可以归结为下述问题:

如果 $\alpha \neq 0,1$ 是一个代数数, β 是一个代数无理数, 那么 α^β 是否为超越数?

这就通常所说的Hilbert第7问题.

D.Hilbert曾在不同场合将这个问题与他提出的另两个问题即Fermat猜想(关于不定方程 $x^n + y^n = z^n (n > 2)$ 的整数解)和Riemann猜想(关于Riemann ζ 函数的零点分布)加以比较, 认为Riemann猜想大概会在几年内解决, Fermat猜想可能在他有生之年内解决, 而第7问题则没有这种可能. 但他又说过, 如果他沉睡五百年后醒了过来, 那么他要问的第一个问题将是Riemann猜想是否已经解决. 迄今实际情况是:他认为可能最难的问题倒是第一个被解决, 即在它被提出后30年就被解决, 而Fermat猜想历经艰辛才于1995 年被 A.Wiles 肯定地解决, 至于Riemann猜想至今仍然悬而未决.

当然, 第7问题的解决经历了一个逐步深入的过程. 1929年, A.O.Gelfond证明了:如果 $\alpha \neq 0,1$ 是一个代数数, β 是一个虚二次无理数, 那么 α^β 是一个超越数. 1930 年, R.O.Kuzmin将此结果扩充

到 β 是实二次无理数的情形.直到1934年,才由A.O. Gelfond和Th.Schneider互相独立地完全解决第7问题(参见[11]),即得到:

定理20.1 (Gelfond-Schneider定理) 如果 α, β 是代数数, $\alpha \neq 0, 1$(即 $\alpha \log \alpha \neq 0$),并且 β 不是有理数,那么 α^β 是超越数.

注20.1 这个定理还有下列两个等价的叙述形式:

1° 如果 α , β 是代数数, $\alpha \beta \log \beta \neq 0$,那么 $\log \alpha / \log \beta$ 是有理数.

2° 如果 α, β 是代数数, $\alpha\beta \neq 0$,并且 $\log \alpha$ 和 $\log \beta$ 在 $\mathbb{Q}$ 上线性无关,那么 $\log \alpha$ 和 $\log \beta$ 也在 $\mathbb{A}$ 上线性无关.

例20.1 由定理20.1可知:如果 $\alpha \neq 0, 1$,而 β 是无理数,那么三个复数 $\alpha, \beta, \alpha^\beta$ 中至少有一个超越数.考虑 $2, \sqrt{2}, 2^{\sqrt{2}}$,可知 $2^{\sqrt{2}}$ 是超越数.考虑 $i, -2i$, i^{-2i},可知 $i^{-2i} = e^\pi$ 是超越数.

A.O.Gelfond和Th.Schneider解决第7问题的方法被广泛应用于超越数论的各种问题,特别是在指数函数、对数函数及椭圆函数的值的超越性和代数无关性的研究中,被称为Gelfond-Schneider方法(参见[20]).

Gelfond方法的一个重要组成部分是下列的:

定理20.2 (Gelfond超越性判别法则) 设 $a > 1$ 和 $b > 1$ 是两个实数, $\gamma_n (n \geqslant 1)$ 和 $\delta_n (n \geqslant$

255

1)是两个递增的实数列,$\gamma_n, \delta_n \to \infty \, (n \to \infty)$,并且当$n \geqslant n_0$时

$$\gamma_{n+1} \leqslant a\gamma_n, \quad \delta_{n+1} \leqslant b\delta_n.$$

如果对于$\alpha \in \mathbb{C}$存在整系数多项式序列$P_n \, (n \geqslant n_0)$,满足条件

$$\deg P_n \leqslant \delta_n, \quad \log H(P_n) \leqslant \gamma_n,$$

以及

$$\log |P_n(\alpha)| \leqslant -\delta_n\big((a+b+1)\gamma_n+(2b+1)\delta_n\big) \quad (n \geqslant n_0),$$

那么α是代数数,并且$P_n(\alpha) = 0$(当$n \geqslant n_1$时,这里$n_1 \geqslant n_0$).

在这个定理的证明中,多项式的结式概念起了重要作用.

§20.2　由上述定理20.1的等价叙述形式2°可知:如果α_1, α_2是非零代数数,$\log \alpha_1$和$\log \alpha_2$在$\mathbb{Q}$上线性无关,那么对于任何不同时为零的代数数β_1和β_2,

$$\beta_1 \log \alpha_1 + \beta_2 \log \alpha_2 \neq 0$$

(此处及下文中,$\log \alpha$表示复数α的对数的某个确定的分支).

1966年,A.Baker把它扩充到任意多个对数的情形(参见[5]),证明了:

定理 20.3 (Baker对数线性形定理) 如果 $\alpha_1, \alpha_2, \cdots, \alpha_s$ 是给定的非零代数数,它们的对数 $\log \alpha_1, \log \alpha_2, \cdots, \log \alpha_s$ 在 $\mathbb{Q}$ 上线性无关, 那么 1, $\log \alpha_1, \cdots, \log \alpha_s$ 在 $\mathbb{A}$ 上线性无关.

定理 20.3 有不少重要推论, 例如:

推论 1 若 $\alpha_1, \cdots, \alpha_n, \beta_1, \cdots, \beta_n$ 是代数数, $\alpha_1, \cdots, \alpha_n$ 非零, 并且 $\theta = \sum\limits_{i=1}^{n} \beta_i \log \alpha_i \neq 0$, 则 θ 是超越数.

证 若 θ 是代数数, 则有

$$(-\theta) \cdot 1 + \sum_{i=1}^{n} \beta_i \log \alpha_i = 0, \tag{1}$$

即 $1, \log \alpha_1, \cdots, \log \alpha_n$ 在 $\mathbb{A}$ 上线性相关. 依定理 19.2, $\log \alpha_1, \cdots, \log \alpha_n$ 在 $\mathbb{Q}$ 上线性相关, 从而存在不全为零的有理数 $r_1, \cdots, r_n$ 使得

$$\sum_{i=1}^{n} r_i \log \alpha_i = 0. \tag{2}$$

不妨认为 $r_n \neq 0$. 由式 (1) 和 (2) 消去 $\log \alpha_n$ 得到

$$\begin{aligned}
0 &= r_n \left(-\theta + \sum_{i=1}^{n} \beta_i \log \alpha_i \right) \\
&= r_n \cdot (-\theta) + (r_n \beta_1 - r_1 \beta_n) \cdot \log \alpha_1 + \cdots + \\
&\quad (r_n \beta_{n-1} - r_{n-1} \beta_n) \cdot \log \alpha_{n-1}.
\end{aligned}$$

因此 $1, \log \alpha_1, \cdots, \log \alpha_{n-1}$ 在 $\mathbb{A}$ 上线性相关, 但对数减少了一个. 继续上述推理有限次, 每次对数减少

一个.因此最终得到 $r_n\theta = 0$,与假设矛盾. 因此 θ 是超越数. □

推论2 如果 $\alpha_1, \cdots, \alpha_n$ 以及 $\beta_0, \beta_1, \cdots, \beta_n$ 都是非零代数数,那么 $\mathrm{e}^{\beta_0}\alpha_1^{\beta_1}\cdots\alpha_s^{\beta_s}$ 是超越数.

证 如果 $\theta = \mathrm{e}^{\beta_0}\alpha_1^{\beta_1}\cdots\alpha_s^{\beta_s}$ 是代数数,那么

$$\log\theta = \beta_0 + \beta_1\log\alpha_1 + \cdots + \beta_n\log\alpha_n,$$

于是

$$\beta_1\log\alpha_1 + \cdots + \beta_n\log\alpha_n + (-1)\log\theta = -\beta_0$$

是非零代数数.但依 $1°$(其中两组代数数取作 $\alpha_1, \cdots, \alpha_n, \theta; \beta_1, \cdots, \beta_n, -1$)可知 $-\beta_0$ 是超越数.得到矛盾.

□

推论3 如果 $\alpha_1, \cdots, \alpha_n$ 是不等于 0 和 1 的代数数, $\beta_1, \cdots, \beta_n$ 是一组代数数,它们与 1 一起在 $\mathbb{Q}$ 上线性无关,那么 $\alpha_1^{\beta_1}\cdots\alpha_n^{\beta_n}$ 是超越数.

证 (i) 首先注意,易用数学归纳法证明:若 $\alpha_1, \cdots, \alpha_n$ 是不等于 0 和 1 的代数数, $\beta_1, \cdots, \beta_n$ 是一组在 $\mathbb{Q}$ 上线性无关的代数数,则

$$\beta_1\log\alpha_1 + \cdots + \beta_n\log\alpha_n \neq 0.$$

(ii) 现在设 $\alpha_{n+1} = \alpha_1^{\beta_1}\cdots\alpha_n^{\beta_n}$,那么

$$\beta_1\log\alpha_1 + \cdots + \beta_n\log\alpha_n + (-1)\log\alpha_{n+1} = 0.$$

因为代数数 $-1, \beta_1, \cdots, \beta_n$ 在 $\mathbb{Q}$ 上线性无关,所以依步骤(i)所证, α_{n+1} 不可能是代数数,因而是超越数.

□

Baker对数线性形定理还有定量形式,即上述对数线性形的绝对值的下界估计,其中一个叙述形式是:

定理20.4 (Baker对数线性形下界估计定理)设$\alpha_1,\cdots,\alpha_n$是非零代数数,它们的高不超过 H_1,用$\log\alpha_j$表示它们的对数的任一确定的分支;还设$\beta_0,\beta_1,\cdots,\beta_n$是高不超过$H_2(H_2\geqslant 2)$的代数数.记

$$\Lambda=\beta_0+\sum_{j=1}^{n}\beta_j\log\alpha_j.$$

那么若$\Lambda\neq 0$,则

$$|\Lambda|>H_2^{-\mu},$$

其中$\mu>0$是一个可计算常数,仅与n,H_1,以及α_k,β_k的次数和α_k的对数分支有关.

对数线性形下界估计定理在代数数论中有重要应用,并且可用来给出类型广泛的不定方程的解数的有效性上界估计.为此 A.Baker 荣获1970年的Fields奖.

对数线性形的研究还被扩充到p进($p-$adic)对数的情形,这种形式通常称作p进对数线性形,它们是研究不定方程的重要数论工具.在椭圆函数情形也有类似的研究,有关形式通常称作椭圆对数线性形.

例20.2 20世纪80年代,人们提出下列著名的abc猜想:若a,b,c是(有理) 整数,满足

$$a+b+c=0,\quad \gcd(a,b,c)=1,$$

则对任何给定的 $\varepsilon > 0$,

$$\max(|a|, |b|, |c|) \leqslant \gamma_0(\varepsilon) N^{1+\varepsilon},$$

其中 N 表示 abc 的所有素因子之积, 常数 $\gamma_0 > 0$ 仅与 ε 有关(注意, 此处指数 $1 + \varepsilon$ 不能换为1).这个猜想有不少重要推论, 与 Fermat 方程和 Catalan 方程等关系密切.应用 p 进对数线性形下界估计定理可以证明

$$\log \max(|a|, |b|, |c|) \leqslant \gamma_1(\varepsilon) N^{1/3+\varepsilon},$$

这是迄今得到的最好的估计.

对数线性形至今仍然是超越数论的重要研究对象.M.Waldschimidt(参见[21])等将有关研究纳入线性代数群的框架, 引进了新的技术, 显著地改进了下界估计.

第21章 数的代数无关性: 超越数论方法的发展

§21.1 对于s个复数$\theta_1,\cdots,\theta_s$,若存在一个s个变量的整系数非零多项式$P(z_1,\cdots,z_s)$使得

$$P(\theta_1,\cdots,\theta_s)=0,$$

则称$\theta_1,\cdots,\theta_s$(在有理数域$\mathbb{Q}$上)代数相关,不然称$\theta_1,\cdots,\theta_s$(在有理数域$\mathbb{Q}$上)代数无关.因此,若$\theta_1,\cdots,\theta_s$代数无关,则对任何s个变量的整系数非零多项式$P(z_1,\cdots,z_s)$总有$P(\theta_1,\cdots,\theta_s)\neq 0$,并且$\theta_j(1\leqslant j\leqslant s)$中的任意部分也代数无关;特别可知,这$s$个数全是超越数.例如,$\pi$和$\pi^2$是代数相关的,因为它们满足$z_1^2-z_2=0$.

代数无关性概念的定量形式:设$\theta_1,\cdots,\theta_s$是s个复数.如果存在一个正整变量x,y的正值函数$\varphi(x,y)$,具有下列性质:对于任意给定的正整数d,H及任何次数小于等于d,高(即系数绝对值的最大值)小于等于H的整系数非零多项式$P(z_1,\cdots,z_s)$有

$$|P(\theta_1,\cdots,\theta_s)|\leqslant\varphi(d,H),$$

那么称$\varphi(d,H)$是$\theta_1,\cdots,\theta_s$的一个代数无关性度量.特别,当$s=1$时,则称为θ_1的超越性度量.当然,这个定义蕴涵了$\theta_1,\cdots,\theta_s$的代数无关性(或θ_1的超越性).例如,对于$\log 2$可取

$$\varphi(d,H)=(Hd^d)^{-c_2d^2},$$

261

其中$c_2 > 0$是一个常数, 也就是说,对于任何次数小于等于d,高小于等于H的整系数非零多项式$P(z)$有

$$|P(\log 2)| \geqslant (Hd^d)^{-c_2 d^2}.$$

超越数论的基本任务就是确定一个数的超越性或几个数的代数无关性(定性和定量两个方面).

§21.2　下面给出代数无关数组的例子.

定理21.1　设$s \geqslant 1$.则下列数组代数无关:

$$\xi_i = \sum_{k=1}^{\infty} g_i^{-k!} \quad (i = 1, 2, \cdots, s),$$

其中$g_1, \cdots, g_s$是大于1的整数,$\log g_1, \cdots, \log g_s$在$\mathbb{Q}$上线性无关.

证　(i)　设$\xi_1, \cdots, \xi_s$线性相关,那么存在s个变量$x_1, \cdots, x_s$的整系数多项式

$$P(x_1, \cdots, x_s) = \sum_{\mathbf{i}} a_{\mathbf{i}} x_1^{i_1} \cdots x_{i_s}, \tag{1}$$

使得

$$P(\xi_1, \cdots, \xi_s) = 0, \tag{2}$$

其中$\mathbf{i} = (i_1, \cdots, i_s), i_k \in \mathbb{N}_0$,系数$a_{\mathbf{i}} \in \mathbb{Z}$ 不全为零.

在式(1)中作代换

$$x_k = (x_k - \xi_k) + \xi_k \quad (k = 1, \cdots, s),$$

那么将

$$a_{\mathbf{i}} x_1^{i_1} \cdots x_{i_s} = a_{\mathbf{i}} \big((x_1-\xi_1)+\xi_1\big)^{i_1} \cdots \big((x_s-\xi_s)+\xi_s\big)^{i_s}$$

展开,可知它可表示为 $a_{\mathbf{i}}'(x_1-\xi_1)^{j_1} \cdots (x_s \quad \xi_s)^{j_s}$ 形式的表达式及 $a_{\mathbf{i}}\xi_1^{i_1} \cdots \xi_s^{i_s}$ 之和,并且由式(2)可知

$$\sum_{\mathbf{i}} a_{\mathbf{i}}\xi_1^{i_1} \cdots \xi_s^{i_s} = P(\xi_1,\cdots,\xi_s) = 0,$$

因此

$$P(x_1,\cdots,x_s) = \sum_{\mathbf{j}\neq\mathbf{0}} b_{\mathbf{j}}(x_1-\xi_1)^{j_1} \cdots (x_s-\xi_s)^{j_s}, \quad (3)$$

这里只对 $b_{\mathbf{j}} \neq 0$ 的 $\mathbf{j}$ 求和,$\mathbf{j} = (j_1,\cdots,j_s), j_k \in \mathbb{N}_0$,系数 $b_{\mathbf{j}}$ 与 $a_{\mathbf{i}}$ 及 ξ_j 有关,未必是整数.

对于每个 $i = 1,\cdots,s$,令

$$\sigma_{i,n} = \sum_{k=1}^{n} g_i^{-k!} \quad (n \geqslant 1),$$

$$\tau_{i,n} = \xi_i - \sigma_{i,n} = \sum_{k=n+1}^{\infty} g_i^{-k!} \quad (n \geqslant 1).$$

那么 $\sigma_{i,n} > 0$,并且

$$\begin{aligned}
\tau_{i,n} &< g_i^{-(n+1)!}\Big(1 + g_i^{(n+1)!-(n+2)!} + \\
&\qquad g_i^{(n+1)!-(n+3)!} + \cdots\Big) \\
&< g_i^{-(n+1)!}\Big(1 + g_i^{-1} + g_i^{-2} + \cdots\Big) \\
&= g_i^{-(n+1)!} \cdot \frac{1}{1 - g_i^{-1}} \\
&< g_i^{-(n+1)!+1}.
\end{aligned} \quad (4)$$

显然还有

$$\tau_{i,n} > g_i^{-(n+1)!}. \tag{5}$$

(ii) 现在设 $c > 0$ 是一个常数, $|x_i| \leqslant c, |y_i| \leqslant c \, (i=1,\cdots,s)$,还设非负整数 $i_1,\cdots,i_s$ 满足 $i_1 + \cdots + i_s = d$. 那么

$$|x_1^{i_1} x_2^{i_2} \cdots x_s^{i_s} - y_1^{i_1} y_2^{i_2} \cdots y_s^{i_s}| \leqslant dc^{d-1} \max_{1 \leqslant i \leqslant s} |x_i - y_i|.$$

事实上,我们有

$$
\begin{aligned}
& x_1^{i_1} x_2^{i_2} \cdots x_s^{i_s} - y_1^{i_1} y_2^{i_2} \cdots y_s^{i_s} \\
= {}& x_1^{i_1} x_2^{i_2} \cdots x_s^{i_s} - y_1^{i_1} x_2^{i_2} \cdots x_s^{i_s} + \\
& y_1^{i_1} x_2^{i_2} \cdots x_s^{i_s} - y_1^{i_1} y_2^{i_2} \cdots x_s^{i_s} + \cdots - \cdots + \\
& y_1^{i_1} y_2^{i_2} \cdots y_{s-1}^{i_{s-1}} x_s^{i_s} - y_1^{i_1} y_2^{i_2} \cdots y_{s-1}^{i_{s-1}} y_s^{i_s} \\
= {}& (x_1^{i_1} - y_1^{i_1}) x_2^{i_2} \cdots x_s^{i_s} + (x_2^{i_2} - y_2^{i_2}) y_1^{i_1} x_3^{i_3} \cdots x_s^{i_s} + \cdots + \\
& (x_s^{i_s} - y_s^{i_s}) y_1^{i_1} \cdots y_{s-1}^{i_{s-1}}.
\end{aligned}
$$

对于 $t = 1, 2, \cdots, s$,

$$x_t^{i_t} - y_t^{i_t} = (x_t - y_t)(x_t^{i_t-1} + x_t^{i_t-2} y_t + \cdots + y_t^{i_t-1}).$$

由此可推出所说的不等式.

(iii) 由式(2)和步骤(ii)中建立的不等式可知

$$
\begin{aligned}
& |P(\sigma_{1,n}, \cdots, \sigma_{s,n})| \\
= {}& |P(\sigma_{1,n}, \cdots, \sigma_{s,n}) P(\xi_1, \cdots, \xi_s)| \\
\leqslant {}& c_1 \max_{1 \leqslant i \leqslant s} \tau_{i,n},
\end{aligned}
$$

264

其中c_1(及后文中c_2)是与P有关(但与n无关)的常数.由此及式(4)推出

$$(g_1 \cdots g_s)^{n!} |P(\sigma_{1,n}, \cdots, \sigma_{s,n})|$$
$$\leqslant c_1 (g_1 \cdots g_s)^{n!} \max_{1 \leqslant i \leqslant s} g_i^{-(n+1)!+1}$$
$$= c_1 (g_1 \cdots g_s)^{n!} \left(\min_{1 \leqslant i \leqslant s} g_i \right)^{-(n+1)!+1}.$$

记$a = g_1 \cdots g_s$, $b = \min\limits_{1 \leqslant i \leqslant s} g_i$,上式可改写为

$$(g_1 \cdots g_s)^{n!} |P(\sigma_{1,n}, \cdots, \sigma_{s,n})|$$
$$\leqslant b c_1 \mathrm{e}^{-(n+1)! \log b + n! \log a}.$$

因为$\log a$和$\log b$大于零,当n充分大时

$$\log b - \frac{1}{n+1} \log a > \frac{1}{2} \log b,$$

于是

$$-(n+1)! \log b + n! \log a$$
$$= -(n+1)! \left(\log b - \frac{1}{n+1} \log a \right)$$
$$< -\left(\frac{1}{2} \log b \right) (n+1)!,$$

由此得到:当n充分大时

$$(g_1 \cdots g_s)^{n!} |P(\sigma_{1,n}, \cdots, \sigma_{s,n})| < b c_1 \mathrm{e}^{-(\log b)(n+1)!/2}.$$

令$n \to \infty$,则

$$(g_1 \cdots g_s)^{n!} |P(\sigma_{1,n}, \cdots, \sigma_{s,n})| \to 0.$$

因为 $(g_1 \cdots g_s)^{n!}|P(\sigma_{1,n}, \cdots, \sigma_{s,n})| \in \mathbb{Z}$, 所以当 n 充分大时

$$P(\sigma_{1,n}, \cdots, \sigma_{s,n}) = 0. \qquad (6)$$

由式(3)和(6)可知,对于充分大的 n,

$$\sum_{\mathbf{j} \neq \mathbf{0}} (-1)^{j_1 + \cdots + j_s} b_{\mathbf{j}} \, \tau_{1,n}^{j_1} \cdots \tau_{s,n}^{j_s} = 0. \qquad (7)$$

由 $\log g_1, \cdots, \log g_s$ 在 $\mathbb{Q}$ 上的线性无关性可知,若两个下标组 $\mathbf{j} = (j_1, \cdots, j_s)$ 及 $\mathbf{j}' = (j_1', \cdots, j_s')$ 不相等,即 s 对下标 j_1 与 j_1', j_2 与 j_2', $\cdots$, j_s 与 j_s' 中有一对两数互不相等,则

$$(j_1 - j_1') \log g_1 + (j_2 - j_2') \log g_2 + \cdots + (j_s - j_s') \log g_s \neq 0,$$

也就是

$$g_i^{j_i} g_2^{j_2} \cdots g_s^{j_s} \neq g_i^{j_i'} g_2^{j_2'} \cdots g_s^{j_s'}.$$

因为在式(7)的求和中所有下标组 $\mathbf{j}$ 两两互异,所以存在一个下标组 $\mathbf{t} = (t_1, \cdots, t_s)$ 具有性质:若 $\mathbf{j} \neq \mathbf{t}$,则

$$g_i^{j_i} g_2^{j_2} \cdots g_s^{j_s} > g_i^{t_1} g_2^{t_2} \cdots g_s^{t_s}. \qquad (8)$$

将式(7)改写为

$$-(-1)^{t_1 + \cdots + t_s} b_{\mathbf{t}} = \sum_{\mathbf{j} \neq \mathbf{t}, \mathbf{0}} (-1)^{j_1 + \cdots + j_s} b_{\mathbf{j}} \, \tau_{1,n}^{j_1 - t_1} \cdots \tau_{s,n}^{j_s - t_s},$$

那么有

$$|b_{\mathbf{t}}| \leqslant \sum_{\mathbf{j} \neq \mathbf{t}, \mathbf{0}} |b_{\mathbf{j}}| \tau_{1,n}^{j_1 - t_1} \cdots \tau_{s,n}^{j_s - t_s}. \qquad (9)$$

266

如果$j_1 - t_1 > 0$,那么由式(4)得

$$\tau_{1,n}^{j_1-t_1} < \left(g_1^{-(n+1)!+1}\right)^{j_1-t_1} = g_1^{j_1-t_1}\left(g_1^{j_1-t_1}\right)^{-(n+1)!};$$

如果$j_1 - t_1 < 0$,那么由式(5)得

$$\tau_{1,n}^{j_1-t_1} < \left(g_1^{-(n+1)!}\right)^{j_1-t_1} = \left(g_1^{j_1-t_1}\right)^{-(n+1)!};$$

如果$j_1 - t_1 = 0$,那么

$$\tau_{1,n}^{j_1-t_1} = 1.$$

对于$\tau_{2,n}^{j_2-t_2}, \cdots, \tau_{s,n}^{j_s-t_s}$情形类似,因此最终得到

$$\tau_{1,n}^{j_1-t_1}\tau_{2,n}^{j_2-t_2}\cdots\tau_{s,n}^{j_s-t_s} \leqslant c_2 \left(\frac{g_1^{j_1}g_2^{j_2}\cdots g_s^{j_s}}{g_1^{t_1}g_2^{t_2}\cdots g_s^{t_s}}\right)^{-(n+1)!}.$$

由此及式(8)推出

$$\tau_{1,n}^{j_1-t_1}\tau_{2,n}^{j_2-t_2}\cdots\tau_{s,n}^{j_s-t_s} \to 0 \quad (n \to \infty).$$

此式对于式(9)右边求和号中任何$\mathbf{j}$都成立,因此

$$|b_{\mathbf{t}}| \to 0 \quad (n \to \infty).$$

注意$b_{\mathbf{t}}$是一个固定的整数,所以$b_{\mathbf{t}} = 0$.这与假设矛盾.因此$\xi_1, \cdots, \xi_s$代数无关. $\square$

上面的数组是W.W.Adams给出的.可以类似地证明下列数组分别代数无关:

$1°$ (W.M.Schmidt)

$$\theta_\nu = \sum_{k=1}^{\infty} 2^{-(\nu k)!} \quad (\nu = 1, 2, \cdots, s).$$

2° (H.Kneser)

$$\theta_\nu = \sum_{k=1}^{\infty} 2^{-[k^{k+x_\nu}]} \quad (\nu = 1, 2, \cdots, s),$$

其中$0 \leqslant x_1 < x_2 < \cdots < x_s < 1$.

3° (J.Von Neumann)

$$\theta_\nu = \sum_{k=1}^{\infty} 2^{2^{[x_\nu k]} - 2^{k^2}} \quad (\nu = 1, 2, \cdots, s),$$

其中$x_1 > x_2 > \cdots > x_s > 0$.

一般地,我们考虑代数系数缺项级数

$$F(z) = \sum_{k=0}^{\infty} f_k z^k, \tag{10}$$

其中所有系数$f_k \in \mathbb{K}$(数域),并且存在递增的无穷正整数列$\lambda_n \, (n \geqslant 1)$和$\mu_n \, (n \geqslant 1)$,满足条件

$$0 = \lambda_1 \leqslant \mu_1 < \lambda_2 \leqslant \mu_2 < \cdots < \lambda_n \leqslant \mu_n < \cdots,$$

使得对于$n = 1, 2, \cdots$有

$$f_k = 0 \quad (\text{当} \mu_n < k < \lambda_{n+1}); \quad f_{\mu_n} \neq 0, \, f_{\lambda_{n+1}} \neq 0.$$

对于$k = 1, 2, \cdots$,令

$$P_k(z) = \sum_{j=\lambda_k}^{\mu_k} f_j z^j, \quad p_k(z) = P_k(z) z^{-\lambda_k},$$

于是

$$F(z) = \sum_{k=1}^{\infty} P_k(z) = \sum_{k=1}^{\infty} p_k(z) z^{\lambda_k}.$$

268

还设级数收敛半径$R > 0$.我们可以证明下列的:

定理21.2 如果存在无穷集合$\mathscr{N} \subseteq \mathbb{N}$,使得

$$\deg p_n(z) = 0 \quad (n \in \mathscr{N}),$$

并且

$$\frac{\mu_n + \log A_n + \log M_n}{\lambda_{n+1}} \to 0 \quad (n \to \infty, n \in \mathscr{N}),$$

其中$A_n = \max\limits_{0 \leqslant k \leqslant \mu_n} \overline{|f_k|}, M_n = \mathrm{den}(f_0, f_1, \cdots, f_{\mu_n})$;还设$\alpha_1, \cdots, \alpha_s$是给定代数数, $0 < |\alpha_j| < R\,(j = 1, \cdots, s)$,并且$\alpha_i/\alpha_j\,(i \neq j)$不是单位根. 那么

$$F^{(l)}(\alpha_j) \quad (l \geqslant 0, j = 1, \cdots, s)$$

代数无关(此处$F^{(l)}$表示l阶导数).

例21.1 对于级数

$$f_0(z) = \sum_{n=0}^{\infty} z^{n!},$$

若α_j是任意(有限)多个代数数,$0 < |\alpha_j| < 1$,并且$\alpha_i/\alpha_j\,(i \neq j)$不是单位根,则$f_0^{(l)}(\alpha_j)\,(l \geqslant 0; j = 1, 2, \cdots, s)$代数无关.这是Liouville"人工"超越数例子的扩充.

§**21.3** Siegel-Shidlovski研究E函数的方法以及K.Mahler提出的函数方程方法也是研究代数无关性的有力工具.例如:

例21.2 应用Siegel-Shidlovski方法可以证明:

(i) 设α是非零代数数,那么数

$$\mathrm{e}^{\alpha^2}, \quad \int_0^\alpha \mathrm{e}^{-t^2}\mathrm{d}t$$

代数无关.

(ii) 设

$$\psi_k(z) = \sum_{n=0}^\infty \frac{z^{kn}}{(n!)^k} \quad (k \geqslant 1),$$

则对于任何非零代数数α,以及任何整数$r \geqslant 1$,下列$r(r+1)/2$个数

$$\psi_k^{(l)}(\alpha) \quad (l = 0, \cdots, k-1; k = 1, \cdots, r)$$

代数无关,其中$\psi_k^{(l)}$表示l阶导数.

(iii) 设

$$\omega_k(z) = 1 + \sum_{n=1}^\infty \frac{z^n}{n! \, n^k} \quad (k \geqslant 1),$$

则对于任何非零代数数α,数

$$\mathrm{e}^\alpha, \omega_k(z) \quad (k = 1, 2, \cdots)$$

代数无关(即它们中任意有限多个代数无关).

例21.3 应用Mahler函数方程方法可以证明:

(i) 级数

$$\sum_{i=0}^\infty F_{F_i}^{-k} \quad (k = 1, 2, \cdots)$$

270

代数无关(即它们中任意有限多个代数无关),其中F_i是Fibonacci数.

(ii) 级数

$$\sum_{i=0}^{\infty} \mathcal{F}_i^{-k} \quad (k=1,2,\cdots)$$

代数无关,其中$\mathcal{F}_i = 2^{2^i}+1$是第$i$个Fermat数.

(iii) 设$\alpha \in \mathbb{A}, 0 < |\alpha| < 1$,并且$d \geqslant 2$,令

$$F(z) = \sum_{i=0}^{\infty} \alpha^{d^i} z^i,$$

则对于任何非零代数数β,数

$$F^{(l)}(\beta) \quad (l=0,1,2,\cdots)$$

代数无关.

§21.4 Gelfond-Schneider定理给出了α^β的超越性,其中$\alpha \neq 0, 1$是代数数,β是次数$d > 1$的代数数.1948年,A.O.Gelfond进一步提出关于数α^β, $\alpha^{\beta^2}, \cdots, \alpha^{\beta^{d-1}}$的代数无关性问题.他证明了:若$\beta$是3次代数数,则$\alpha^\beta, \alpha^{\beta^2}$代数无关.他还宣布:一般地,当$d \geqslant 2$时,$\alpha^\beta, \alpha^{\beta^2}, \cdots, \alpha^{\beta^{d-1}}$中至少有$[(d+1)/2]$个数代数无关,但没有给出证明.直到1987年,人们改进和推广了Gelfond-Schneider方法才证明了这个结论.

超越数论中不少问题与指数函数或其反函数即对数函数有关.Gelfond-Schneider方法在此方面产生一些重要结果.例如:

1966~1968年间,S.Lang及K.Ramachandra独立地证明了:

定理21.3 (六指数定理) 如果给定两组复数x_1, x_2及y_1, y_2, y_3,分别在$\mathbb{Q}$上线性无关,那么六个数$\mathrm{e}^{x_i y_j}(i=1,2;j=1,2,3)$中至少有一个超越数.

在上述定理中取$x_1 = 1, x_2 = \pi; y_1 = \log 2, y_2 = \pi \log 2, y_3 = \pi^2 \log 2$,则$\mathrm{e}^{x_i y_j}(i=1,2;j=1,2,3)$是$2, 2^{\pi}, 2^{\pi^2}, 2^{\pi}, 2^{\pi^2}, 2^{\pi^3}$. 因而我们得知:在三个数$2^{\pi}, 2^{\pi^2}, 2^{\pi^3}$中至少有一个超越数.

1971年,R.Tijdeman证明了:

定理21.4 若复数$\alpha_0, \alpha_1, \alpha_2$及$\eta_0, \eta_1$分别在$\mathbb{Q}$上线性无关,则数

$$\alpha_k, \quad \eta_j, \quad \mathrm{e}^{\alpha_k \eta_j} \quad (k=0,1,2; j=0,1)$$

中至少有两个代数无关.

在其中取$\eta_0 = 1, \eta_1 = \mathrm{i}, \alpha_0 = 1, \alpha_1 = \pi, \alpha_2 = \pi\mathrm{i}$,并且注意$\pi$是超越数,即可知四个数$\mathrm{e}, \pi, \mathrm{e}^{\pi}, \mathrm{e}^{\mathrm{i}}$中至少有两个代数无关.

Th.Schneider曾经猜想e^{e}和$\mathrm{e}^{\mathrm{e}^2}$中至少有一个超越数.此即所谓Schneider第八问题.20世纪70年代初,M.Waldschmidt和W.D.Brownawell独立地解决了这个问题,他们证明了:

定理21.5 设u_1, u_2及v_1, v_2分别在$\mathbb{Q}$上线性无关,并且$\mathrm{e}^{u_1 v_1}$和$\mathrm{e}^{u_2 v_1}$是代数数,那么数

$$u_1, u_2, v_1, v_2, \mathrm{e}^{u_1 v_2}, \mathrm{e}^{u_2 v_2}$$

中有两个数代数无关.

若取 $u_1 = v_2 = 1, u_2 = v_1 = e$, 即可推出 e^e 和 c^{e^2} 中有一个超越数.

§21.5 20世纪90年代, Yu.V.Nesterenko[15]应用来自交换代数和代数几何的技术, 提出一种新的代数无关性方法, 产生了不少新的超越数论结果. 为此我们引进下列几个椭圆模函数理论中的重要函数:

$$P(z) = 1 - 24\sum_{n=1}^{\infty} \frac{nz^n}{1-z^n},$$

$$Q(z) = 1 + 240\sum_{n=1}^{\infty} \frac{n^3z^n}{1-z^n},$$

$$R(z) = 1 - 504\sum_{n=1}^{\infty} \frac{n^5z^n}{1-z^n}.$$

它们称作Ramanujan函数, 与许多特殊函数关系密切.

Nesterenko的主要结果是:

定理21.6 (Nesterenko代数无关性定理) 若 $q \in \mathbb{C}, 0 < |q| < 1$, 则 $q, P(q), Q(q), R(q)$ 中至少有3个代数无关.

定理21.6有许多重要推论, 例如: 两组数

$$\{\pi, e^{\pi}, \Gamma(1/4)\}; \quad \{\pi, e^{\pi\sqrt{3}}, \Gamma(1/3)\}$$

分别代数无关, 其中 $\Gamma(z)$ 是伽马函数(特别, e^{π} 是超越数).

Nesterenko代数无关性方法还被用于解决其他一些代数无关性问题(例如指数函数,椭圆函数及Mahler函数值的代数无关性),是当代超越数论的重要的进展.人们推测他的方法(或其改进形式) 有可能给出更多的代数无关性结果.例如人们猜测:两组数

$$\pi, \Gamma(1/3), \Gamma(1/4) \quad 和 \quad e, \pi, e^\pi, \Gamma(1/4)$$

分别是代数无关的；四个数

$$\pi, \Gamma(1/5), \Gamma(2/5), e^{\pi\sqrt{5}}$$

中有3个数代数无关,等等.

值得注意的是e和π是否代数无关,至今未解决.目前有一个相当弱的结果: 若e^{π^2}是代数数,则e和π代数无关.

§21.6　为了得出数的代数无关性结果,人们需要将Gelfond超越性判别法则(见定理20.2)推广到多变量情形,这种推广形式称为数的代数无关性判别法则.

1982年, G.V.Chudnovsky 提出多项式的半结式的概念,建立了关于几个复数代数无关性的判别法则.在此基础上,出现一些新的推广形式.1986年,P.Philippon应用一般消元法理论,给出一种数的代数无关性判别法则,它的一个常用形式是:

定理21.7　设整数$m \geqslant 1, \theta = (\theta_1, \cdots, \theta_m) \in \mathbb{C}^m$,给定实数$\eta \geqslant m + 1$以及充分大的常数$C_0 =$

274

$C_0(m) > 0$.那么不可能存在$\mathbb{Z}[x_1, \cdots, x_m]$中的理想序列$\mathbf{I}_n \, (n \geqslant n_0)$,其中多项式理想$\mathbf{I}_n$由$l = l(n)$个多项式$P_1^{(n)}, \cdots, P_{l(n)}^{(n)}$生成,它们在以$\theta$为球心, 以$\exp(-3C_0 n^l)$为半径的球中的零点集合是有限集, 并且对于所有$n \geqslant n_0$以及所有$i = 1, \cdots, l(n)$,有

$$t(P_i^{(n)}) \leqslant n,$$

以及

$$0 < \max_{1 \leqslant i \leqslant l(n)} |P_i^{(n)}(\theta_1, \cdots, \theta_m)| \leqslant \exp(-C_0 n^\eta).$$

应用定理21.5也可以推出定理21.4.

§**21.7**　作为代数无关性理论的重要组成部分, 20世纪30年代,K.Mahler以及J.F.Koksma独立地提出全体复数的分类(两者的结果等价):所有代数数形成一类(称$\mathbb{A}$类),所有超越数划分为互不相交的三类: $\mathbb{S}$类,$\mathbb{T}$类和$\mathbb{U}$类,它们的成员分别称为$\mathbb{S}$数,$\mathbb{T}$数和$\mathbb{U}$数.任何代数相关的两个数属于同一类;任何不同类的两个超越数必代数无关.所有Liouville数都属于$\mathbb{U}$类;数

$$\mathrm{e}, \, \pi, \, \log 2, \, \sum_{n=0}^{\infty} 2^{-2^n},$$

以及

$$\theta_1 = 0.123\,456\,789\,101\,112\,13 \cdots$$

275

都不属于 $\mathbb{U}$ 类(因而这些数中每一个都与任何Li-ouville数代数无关).但至今还不知道 e^{π} 是否为Liouville数. 因为 $\sum\limits_{n=0}^{\infty} 10^{-n!}$ 是Liouville数,所以与e代数无关,从而

$$e + \sum_{n=0}^{\infty} 10^{-n!}$$

是超越数.

22. 权当结束语:一些猜想

§22.1 无理性猜想

1° 与Catalan常数的无理性有关的猜想.

所谓Catalan常数是指

$$G = \sum_{n=0}^{\infty} \frac{(-1)^n}{(2n+1)^2} = 0.915\,965\,594\,1\cdots.$$

我们有Dirichlet β公式

$$\beta(x) = \sum_{n=0}^{\infty} \frac{(-1)^n}{(2n+1)^x} \quad (x > 0)$$

(即对于mod 4非主特征的Dirichlet L函数).显然,
$G = \beta(2)$.我们还有

$$\beta(2k+1) = \frac{(-1)^k E_{2k}}{2(2k)!} \left(\frac{\pi}{2}\right)^{2k+1} \quad (k \geqslant 0),$$

其中E_n是有理数(称Euler数),因此$\beta(2k+1)(k \geqslant 0)$都是无理数,例如,

$$\beta(1) = \frac{\pi}{4}, \quad \beta(3) = \frac{\pi^3}{32}, \quad \beta(5) = \frac{5\pi^5}{1\,536}.$$

人们猜测:包括$G = \beta(2)$在内,$\beta(2k)(k \geqslant 1)$都是无理数.目前只知道7个数 $\beta(2), \beta(4), \beta(6), \beta(8)$, $\beta(10), \beta(12), \beta(14)$ 中至少有一个无理数.这是 T. Rivoal和W.Zudilin 应用他们研究$\zeta(2n+1)(n > 1)$的无理性的方法得到的.实际上我们可以与Apéry数相平行地来考虑$\beta(2n)(n \geqslant 1)$的数论性质.

277

注22.1 2014年,S.Gun,M.R.Murty,P.Rath研究L函数的特殊值, 得到下述结果:下列每组两个结论中分别至少有一个正确:

(a) (i) $(\zeta(3)/\pi^3)^2$ 是无理数;

(ii) $\Gamma_3(1/2)/\Gamma_2(1/2)$ 是超越数.

(b) (i) G/π^2 是无理数(G表示Catalan常数);

(ii) $\Gamma_2(1/4)/\Gamma_2(3/4)$ 是超越数.

其中记号$\Gamma_m(x)(x > 0, m \in \mathbb{N}_0)$表示多重伽马函数,它们满足

$$\Gamma_0(x) = \frac{1}{x}, \quad \Gamma_m(1) = 1, \quad \Gamma_{m+1}(x+1) = \frac{\Gamma_{m+1}(x)}{\Gamma_m(x)}.$$

2° Euler-Mascheroni常数(也称γ常数)的无理性猜想.

这个常数有下列解析表达式

$$\gamma = \lim_{n \to \infty} \left(\sum_{k=1}^{n} \frac{1}{k} - \log n \right)$$
$$= 0.577\,215\,664\,901\,532\,860\,606\,512\,09 \cdots$$

人们猜测它是一个无理数甚至是一个超越数.这是一个至今未解决的著名问题.据说, G.H.Hardy曾经说过,如果谁能解决这个问题,他将把他在剑桥大学的教授位子让给他, 可见问题之难.历史上曾出现过一些 "γ常数的无理性" 的错误 "证明"(例如, A.Froda和R.G.Ayoub就分别于1965年和1985年给出过这类结果). T.Papanikolaou 计算过γ的正规连分数展开的最初 475 006 个部分商,

得到结论:如果 γ 是有理数, 那么它的分母必定超过$10^{244\,663}$.这似乎支持了γ的无理性的猜测.受到$\zeta(3)$无理性的证明的启发,2003年, J.Sondow给出γ的无理性的充分必要条件. 当然,这些条件目前尚难以实现,因此问题实际上仍未解决.

§22.2 超越性猜想

1° 设$e_k\,(k=1,2,\cdots)$是一个无穷数列,其中每个项取自集合$\{0,1\}$, 并且对于任何$n \geqslant 1$,数列$e_k\,(k \geqslant n)$都不是周期的.我们猜测下列两个数中至少有一个是超越数:

$$\sum_{k=1}^{\infty}e_k2^{-k}, \qquad \sum_{k=1}^{\infty}e_k3^{-k}.$$

2° 设$d_n = \mathrm{lcm}(1,2,\cdots,n)$ (整数$1,2,\cdots,n$的最小公倍数),我们猜测

$$\xi = \sum_{n=1}^{\infty}\frac{1}{d_n}$$

是超越数.

背景情况是:$\log d_n \sim n \quad (n \to \infty)$,并且$\xi$是无理数(见§9.4).

3° 1978年$\zeta(3)$的无理性被证明后(见第14章),作为超越数论的一个研究对象,有人进一步提出:

猜想 $\pi,\zeta(3),\zeta(5),\cdots,\zeta(2n+1),\cdots$代数无关.

4° 与指数函数有关的猜想

基于六指数定理(见定理21.1), C.L.Siegel 以及Th.Schneider,S.Lang,K.Ramachandrat进而提出:

四指数猜想 如果两组复数x_1, x_2及y_1, y_2分别在$\mathbb{Q}$上线性无关, 那么四个数

$$\mathrm{e}^{x_i y_j} \quad (i = 1, 2; j = 1, 2)$$

中至少有一个超越数.

还有下列重要的:

Schanuel猜想 设复数$x_1, \cdots, x_s$在$\mathbb{Q}$上线性无关,那么$2s$个数$x_1, \cdots, x_s, \mathrm{e}^{x_1}, \cdots, \mathrm{e}^{x_s}$中至少有$s$个代数无关.

这个猜想是S.Schanuel提出的,并由S.Lang于1966年首先公布(参见[20]).由它可产生下列一些猜想:

(i) 若在其中取$x_1 = 1, x_2 = 2\pi\mathrm{i}$, 即得猜想:$e, \pi$代数无关.

(ii) 若取

$$s = d \geqslant 2, \quad x_j = \beta^{j-1} \log \alpha \quad (j = 1, \cdots, d),$$

其中$\alpha \neq 0, 1$,而β是d次代数数,$\log \alpha$表示α的自然对数的某个分支, 可得猜想:数

$$\log \alpha, \ \alpha^\beta, \ \alpha^{\beta^2}, \cdots, \alpha^{\beta^{d-1}}$$

代数无关.

我们已由六指数定理推出三个数 $2^\pi, 2^{\pi^2}, 2^{\pi^3}$ 中至少有一个超越数,但至今尚不知道 $2^\pi, 2^{\pi^2}$ 中是否有一个超越数;但若 Schanuel 猜想成立,则可推出 $\pi, \log 2, 2^\pi, 2^{\pi^2}, 2^{\pi^3}$ 代数无关.实际上,可以证明四指数猜想是 Schanuel 猜想的一个推论.Schanuel 猜想的另外一个有趣的推论是:若它成立,则下列17个数代数无关(参见[16]):

$$e, e^\pi, e^e, e^i, \pi, \pi^\pi, \pi^e, \pi^i, 2^\pi, 2^e, 2^i,$$
$$\log \pi, \log 2, \log 3, \log \log 2, (\log 2)^{\log 3}, 2^{\sqrt{2}}.$$

由 Hermite-Lindemann 定理可知 Schanuel 猜想迄今只对 $s = 1$ 被证明.一般情形的解决极为困难. 目前有人考虑了附加了条件的特殊情形,有人考虑了 Schanuel 猜想的推广形式,也许这有助于我们开拓思路,另辟蹊径.

练 习 题

1. 证明:

$$\sqrt[3]{\sqrt[3]{2}-1}=\sqrt[3]{\frac{1}{9}}-\sqrt[3]{\frac{2}{9}}+\sqrt[3]{\frac{4}{9}}.$$

$$\sqrt{\sqrt[3]{5}-\sqrt[3]{4}}=\frac{1}{3}\big(\sqrt[3]{2}+\sqrt[3]{20}-\sqrt[3]{25}\big).$$

2. (1) 证明:$\sqrt{7}=[2,\overline{1,1,1,4}]$.

(2) 设 $\beta=[\overline{2,1}]$, 则方程 $2x^2-2x-1=0$ 的两个根是 $-1/\beta$ 和 $[\overline{1,2}]$.

3. 用几何方法证明 $\sqrt{m^2-1}(m>1$ 是整数) 是无理数.

4. 证明: 对于任何正整数 $s\geqslant 1$, 总存在整数 $m=m_1m_2\cdots m_s$, 其中正整数 m_i 两两互素, 使得

$$\frac{1}{m}=1-\frac{1}{m_1}-\frac{1}{m_2}-\cdots-\frac{1}{m_s}.$$

5. 证明: 在数列 $[k\sqrt{2}](k=1,2,\cdots)$ 中含有无穷多个 2 的幂.

6. 证明: 对于每个整数 $n>1$, $\sqrt[n]{n}$ 是无理数.

7. (1) 设 α 是一个实数,$\sigma_n(n\geqslant 1)$ 是一个正数列, 满足 $\lim\limits_{n\to\infty}\sigma_n=0$. 还设当 $n\geqslant n_0$ 时存在整数 a_n 和 b_n, 使得

$$0<|b_n\alpha-a_n|\leqslant\sigma_n,$$

282

证明:α 是无理数.

(2) 应用本题 (1) 证明 e 是无理数.

8. 设 $\tau_n(n \geqslant 1)$ 是一个无界的无穷实数列, 数列 $\{\lg \tau_n\}(n \geqslant 1)$ 以 0 为其一个聚点. 在小数点后依次写出非负整数 $[\tau_1], [\tau_2], [\tau_3], \cdots$, 得到无限十进小数

$$\phi = 0.[\tau_1][\tau_2][\tau_3] \cdots [\tau_n] \cdots,$$

那么 ϕ 是无理数.

9. (1) 证明:

$$\sum_{n=0}^{\infty} \frac{1}{F_{2^n}} = \frac{7 - \sqrt{5}}{2},$$

亦即这个级数取无理值.

(2) 证明: 当 $c > 2$ 时级数

$$\sum_{n=0}^{\infty} \frac{1}{F_{[c^n]+1}}$$

的值是无理数.

10. 设 $p_n/q_n = p_n(\sqrt{3})/q_n(\sqrt{3})$ 是 $\sqrt{3}$ 的连分数展开的第 n 个渐近分数.

(1) 求 $q_n(\sqrt{3})$.

(2) 证明:$q_{2^n-1} \mid q_{2^{n+1}-1}$ $(n \geqslant 1)$.

(3) 证明: 级数

$$\xi = \xi(\sqrt{3}) = \sum_{n=1}^{\infty} \frac{1}{q_{2^n-1}}$$

的值是无理数.

11. 设 $x_n\,(n \geqslant 1), y_n\,(n \geqslant 1)$ 是两个无穷正整数列, 当 $n \geqslant n_0$ 时,

$$x_n < x_{n+1}, \quad \frac{y_n}{x_n} < \frac{y_{n+1}}{x_{n+1}},$$
$$\frac{y_{n+2} - y_{n+1}}{x_{n+2} - x_{n+1}} < \frac{y_{n+1} - y_n}{x_{n+1} - x_n}.$$

证明: 若 $\lim\limits_{n \to \infty} y_n/x_n = l$ 存在, 则 l 是无理数.

12. 证明:

$$\xi = 1 - \frac{1}{2^2} + \frac{1}{2^2 \cdot 4^2} - \frac{1}{2^2 \cdot 4^2 \cdot 6^2} + \cdots$$

是无理数.

13. (1) 设 p, q 是任意正整数, 则

$$\left| \frac{p^2}{q^2} - 2 \right| \geqslant \frac{1}{q^2},$$
$$\left| \frac{p^3}{q^3} - 2 \right| \geqslant \frac{1}{q^3}.$$

(2) 证明: 存在整数 x, y, 满足不等式组

$$\|\sqrt{2}x + \sqrt{3}y\| < 10^{-11}, \quad 0 < \max\{|x|, |y|\} < 10^6.$$

14. 设 α 是无理数. 证明: 对于任何实数 $a < b$, 存在整数 m 和 n, 使得 $a < m\alpha - n < b$.

15. 设点列 $x_n\,(n \geqslant 1)$ 和 $y_n\,(n \geqslant 1)$ 模 1 一致分布, 证明: 点列

$$x_1, y_1, x_2, y_2, \cdots, x_{n-1}, y_{n-1}, x_n, y_n, \cdots$$

也模 1 一致分布.

16 设整数 $g \geqslant 2$. 证明: 数 α 是 g 进制正规数, 当且仅当对于每个 $j = 0, 1, \ldots$, 数 $g^j \alpha$ 是 g^j 进制简单正规数.

17. 设 $l_n (n = 1, 2, \cdots)$ 是严格单调增加的正整数列, $g > 1$ 是任意给定的整数, 则

$$\xi = \sum_{n=1}^{\infty} g^{-l_1 \cdots l_n}$$

是 Liouville 数.

18. 设 $s \geqslant 2, \alpha_1, \cdots, \alpha_s$ 在 $\mathbb{A}$ 上线性无关, 则数 $\alpha_1, \cdots, \alpha_s$ 中至少有一个超越数.

19. 设 β 是次数 $d \geqslant 2$ 的代数数, 则 d 个数 $1, \beta, \beta^2, \cdots, \beta^{d-1}$ 在 $\mathbb{Q}$ 上线性无关, 但 $d+1$ 个数 $1, \beta, \beta^2, \cdots, \beta^d$ 在 $\mathbb{Q}$ 上线性相关.

20. 证明 $\pi / \sqrt{2}$ 是超越数.

21. 设 $\varepsilon_n (n \geqslant 1)$ 互相独立地取值 0 和 1, 那么

$$\xi = \sum_{n=1}^{\infty} \varepsilon_n 2^{-n!}$$

或是有理数, 或是 Liouville 数.

22. 设 α, β 是非零代数数, 则 $\pi + \log \alpha$ 和 $e^{\alpha \pi + \beta}$ 都是超越数.

23. 证明: 积分

$$I = \int_0^1 \frac{\mathrm{d}x}{1 + x^3}$$

285

的值是超越数.

24. 依据超越数的定义证明:

$$\xi = \sum_{k=0}^{\infty} 2^{-k!}$$

是超越数 (即证明 ξ 不是任何整系数非零多项式的零点).

25. 设 t 是一个正整数, $\varphi_1(z), \cdots, \varphi_t(z)$ 是复变量 z 的半纯函数; η 是一个复数, 不是任何 $\varphi_i(z)$ 的极点. 还设 $\psi(q)$ 是正整数变量 q 的正函数, 单调趋于无穷. 证明: 如果

$$\|\eta q\| = |\eta q - p| < e^{-\psi(q)}$$

有无穷多组正整数解 $(q, p) = (q_n, p_n)$, 其中 $0 < q_1 < q_2 < \cdots < q_n < \cdots$, 对于每个 n, p_n, q_n 互素, 并且对于任何非零多项式 $R \in \mathbb{Z}[y_1, \cdots, y_t]$, 存在正整数 n_0(仅与 R, η, φ_i 有关), 使得当 $n \geqslant n_0$ 时,

$$\left| R\left(\varphi_1\left(\frac{p_n}{q_n} \right), \cdots, \varphi_t\left(\frac{p_n}{q_n} \right) \right) \right| \geqslant e^{-\psi(q_n)},$$

那么 $\varphi_1(\eta), \cdots, \varphi_t(\eta)$ 代数无关.

部分练习题提示或解答

4. 解 显然问题等价于证明对于任何整数 $s \geqslant 1$ 方程

$$\frac{1}{x_1} + \frac{1}{x_2} + \cdots + \frac{1}{x_s} + \frac{1}{x_1 x_2 \cdots x_s} = 1.$$

都有两两互素的正整数解 $x_1, \cdots, x_s$.

对 s 用数学归纳法. $s = 1$ 时可取 $x_1 = 2$. 设当 $s = r$ 时有正整数解 $(x_1, \cdots, x_r)$, 其中 x_i 两两互素, 满足

$$\frac{1}{x_1} + \frac{1}{x_2} + \cdots + \frac{1}{x_r} + \frac{1}{x_1 x_2 \cdots x_r} = 1.$$

我们令 $x_{r+1} = x_1 \cdots x_r + 1$, 那么 x_{r+1} 与每个 $x_i (i = 1, \cdots, r)$ 互素. 由上式 (归纳假设) 可知

$$\frac{1}{x_1} + \frac{1}{x_2} + \cdots + \frac{1}{x_r} + \frac{1}{x_{r+1}} + \frac{1}{x_1 x_2 \cdots x_r x_{r+1}}$$

$$= \left(1 - \frac{1}{x_1 x_2 \cdots x_r}\right) + \frac{1}{x_{r+1}} + \frac{1}{x_1 x_2 \cdots x_r x_{r+1}}$$

$$= 1 + \frac{1}{x_{r+1}} + \left(\frac{1}{x_1 x_2 \cdots x_r x_{r+1}} - \frac{1}{x_1 x_2 \cdots x_r}\right), \quad (1)$$

算出

$$\frac{1}{x_1 x_2 \cdots x_r x_{r+1}} - \frac{1}{x_1 x_2 \cdots x_r}$$

$$= \frac{1}{x_1 x_2 \cdots x_r (x_1 \cdots x_r + 1)} - \frac{1}{x_1 x_2 \cdots x_r}$$

$$= \frac{1}{x_1 x_2 \cdots x_r} \frac{1}{x_1 \cdots x_r + 1} - \frac{1}{x_1 x_2 \cdots x_r}$$

$$= -\frac{1}{x_1 \cdots x_r + 1} = -\frac{1}{x_{r+1}},$$

287

将此代入式 (1), 即得

$$\frac{1}{x_1} + \frac{1}{x_2} + \cdots + \frac{1}{x_r} + \frac{1}{x_{r+1}} + \frac{1}{x_1 x_2 \cdots x_r x_{r+1}} = 1.$$

于是完成归纳证明.

5. 解 (i) 在二进制下,

$$\sqrt{2} = 1.011\,01\cdots,$$

因为 $\sqrt{2}$ 是无理数, 所以上述表示中含有无穷多个 (二进数字)1(不然从小数点后某位起二进数字全为 0, 表明 $\sqrt{2}$ 是有理数, 此不可能). 此外要注意, 一个二进数字每以 2 乘一次, 二进表示中小数点就要向右移动一位, 例如

$$2\sqrt{2} = 10.110\,1\cdots, \quad 2^2\sqrt{2} = 101.101\cdots.$$

既然 $\sqrt{2}$ 的二进制表示中含有无穷多个数字 1, 那么存在无穷多个正整数 n 使得 $2^n\sqrt{2}$ 的二进制表示中小数点后第一个数字是 1:

$$2^n\sqrt{2} = *****.1 * * * \cdots,$$

其中小数点的右边含有无穷多个数字 0 和 1. 由此推出: 存在无穷多个正整数 n 使得分数部分

$$\{2^n\sqrt{2}\} = 0.1 * * * \cdots > 0.100\,0\cdots = \frac{1}{2}$$

(注意, 这里 $0.100\,0\cdots$ 是二进制表示, 小数点后除数字 1 外, 其余数字都为 0). 我们将这些 n 形成的集合记作 $\mathscr{A}$.

(ii) 当 $n \in \mathscr{A}$ 时,

$$\{2^n \sqrt{2}\} > \frac{1}{2} > 1 - \frac{1}{\sqrt{2}},$$

于是

$$0 < 1 - \{2^n \sqrt{2}\} < \frac{1}{\sqrt{2}},$$

从而

$$0 < (1 - \{2^n \sqrt{2}\})\sqrt{2} < 1.$$

注意, 对于整数 z 及 $\alpha \in (0,1)$ 有 $[z + \alpha] = z$, 所以由上式推出

$$[2^{n+1} + (1 - \{2^n \sqrt{2}\})\sqrt{2}] = 2^{n+1},$$

因为 $2^{n+1} = \sqrt{2}(2^n \sqrt{2})$, 所以上式可改写为

$$[(2^n \sqrt{2} - \{2^n \sqrt{2}\} + 1)\sqrt{2}] = 2^{n+1},$$

也就是

$$\left[([2^n \sqrt{2}] + 1)\sqrt{2}\right] = 2^{n+1}.$$

当 n 遍历集合 $\mathscr{A}$ 时, 我们得到无穷多个不同的整数 $k = k(n) = [2^n \sqrt{2}] + 1$, 使得 $[k\sqrt{2}] = 2^{n+1}$. 这正是所要证明的结论.

7. (1) **解** 设 $\alpha = p/q$, 其中 p, q 是互素整数, $q > 0$. 那么当 $n \geqslant n_0$ 时

$$0 < \left| b_n \cdot \frac{p}{q} - a_n \right| \leqslant \sigma_n,$$

于是

$$0 < |pb_n - qa_n| \leqslant q\sigma_n,$$

因为 $|pb_n - qa_n|$ 是正整数, 而 $\lim\limits_{n \to \infty}(q\sigma_n) = 0$, 我们得到矛盾.

(2) **提示** 在本题 (1) 中取

$$\alpha = e - 2 = \sum_{k=2}^{\infty} \frac{1}{k!}, \quad a_n = n!\left(\sum_{k=2}^{n} \frac{1}{k!}\right),$$
$$b_n = n! \quad (n \geqslant 2).$$

那么可取

$$\sigma_n = \sum_{k=1}^{\infty} \frac{1}{(n+1)^k} = \frac{1}{n}.$$

8. **解** 设 $k \geqslant 1$ 是一个给定的整数. 由题设条件可知存在无穷多个下标 n_j 使得

$$\{\lg \tau_{n_j}\} = |\{\lg \tau_{n_j}\} - 0| < \lg(1 + 10^{-k}).$$

因为 τ_{n_j} 无界, 所以其中存在一个 (我们将它记作 $\tau_t = \tau_t(k)$) 使得

$$\{\lg \tau_t\} < \lg(1 + 10^{-k}), \quad \tau_t \geqslant 10^k. \qquad (2)$$

于是 $\lg \tau_t \geqslant k$. 记 $[\lg \tau_t] = m + k$, 其中 $m \geqslant 0$ 是某个整数. 注意 $\{\lg \tau_t\} = \lg \tau_t - [\lg \tau_t]$, 由式 (2) 得

$$0 \leqslant \lg \tau_t - m - k \leqslant \lg(1 + 10^{-k}),$$

因此

$$10^{m+k} \leqslant \tau_t < 10^{m+k}(1 + 10^{-k}) = 10^{m+k} + 10^m.$$

这表明正整数 $[\tau_t]$ 的十进表示中, 最高数位的数字是 1, 其后紧接 k 个 0. 因为 k 可以任意大, 所以 ϕ 的十进表示中含有任意长的全由 0 组成的数字段, 从而 ϕ 不可能是周期的, 亦即是无理数.

9. (1) **解** 因为每个正整数 n 可以唯一地表示成 $n = 2^t(2k+1)$ 的形式, 其中 t 和 k 是非负整数, 所以当 $|x| < 1$ 时,

$$\frac{x}{1-x} = \sum_{n \geqslant 1} x^n = \sum_{\substack{t \geqslant 0 \\ k \geqslant 0}} x^{2^t(1+2k)}$$
$$= \sum_{t \geqslant 0} x^{2^t} \sum_{k \geqslant 0} \left(x^{2^{t+1}}\right)^k;$$

注意

$$\sum_{k \geqslant 0} \left(x^{2^{t+1}}\right)^k = \frac{1}{(1 - x^{2^{t+1}})},$$

我们得到等式

$$\frac{x}{1-x} = \sum_{t \geqslant 0} \frac{x^{2^t}}{1 - x^{2^{t+1}}} \quad (\text{当 } |x| < 1 \text{ 时}).$$

在其中易 x 为 x^2, 即得

$$\frac{x^2}{1-x^2} = \sum_{t \geqslant 1} \frac{x^{2^t}}{1 - x^{2^{t+1}}}$$
$$= \sum_{t \geqslant 1} \frac{1}{x^{-2^t} - x^{2^t}} \quad (\text{当 } 0 < |x| < 1 \text{ 时}).$$

现在令 $x = \omega^{-1} = (\sqrt{5} - 1)/2$, 并应用表达式

$$F_{2k} = \frac{\omega^{2k} - \omega^{-2k}}{\sqrt{5}} \quad (k \geqslant 0),$$

291

可得

$$\sum_{t \geqslant 1} \frac{1}{F_{2^t}} = \sqrt{5} \sum_{t \geqslant 1} \frac{1}{\omega^{2^t} - \omega^{-2^t}}$$

$$= \sqrt{5} \frac{\omega^{-2}}{1 - \omega^{-2}}$$

$$= \sqrt{5} \frac{1}{\omega^2 - 1} = \frac{5 - \sqrt{5}}{2},$$

因此最终得到

$$\sum_{t \geqslant 0} \frac{1}{F_{2^t}} = \frac{1}{F_1} + \sum_{t \geqslant 1} \frac{1}{F_{2^t}} = 1 + \frac{5 - \sqrt{5}}{2} = \frac{7 - \sqrt{5}}{2}.$$

(2) **提示** 参见例题 13.4.

10. 解 (i) 为了求出 $q_n(\sqrt{3})$ 的表达式, 我们考察 Pell 方程 $x^2 - 3y^2 = 1$. 由 Pell 方程的经典解法, 我们有

$$p_{2n-1} \pm \sqrt{3} q_{2n-1} = (2 \pm \sqrt{3})^n \quad (n \geqslant 1). \qquad (3)$$

因为 $\sqrt{3} = [1; \overline{1, 2}]$(周期连分数), 所以

$$p_{2n+1} = p_{2n} + p_{2n-1}, \quad q_{2n+1} = q_{2n} + q_{2n-1},$$

于是

$$p_{2n} \pm \sqrt{3} q_{2n}$$

$$= (p_{2n+1} - p_{2n-1}) \pm \sqrt{3}(q_{2n+1} - q_{2n-1})$$

$$= (p_{2n+1} \pm \sqrt{3} q_{2n+1}) - (p_{2n-1} \pm \sqrt{3} q_{2n-1})$$

$$= (2 \pm \sqrt{3})^{n+1} - (2 \pm \sqrt{3})^n$$

$$= (2 \pm \sqrt{3})^n (1 \pm \sqrt{3}).$$

注意 $(1 \pm \sqrt{3})^2 = 2(2 \pm \sqrt{3})$，所以由上式及式 (3) 推出：当 $n \geqslant 1$ 时，

$$2^n(p_{2n} \pm \sqrt{3}q_{2n}) = (1 \pm \sqrt{3})^{2n+1},$$
$$2^n(p_{2n-1} \pm \sqrt{3}q_{2n-1}) = (1 \pm \sqrt{3})^{2n},$$

因为

$$\left[\frac{2n+1}{2}\right] = \left[\frac{(2n-1)+1}{2}\right] = n,$$

所以对所有整数 $m \geqslant 1$，

$$2^{[(m+1)/2]}(p_m \pm \sqrt{3}q_m) = (1 \pm \sqrt{3})^m.$$

显然当 $m = 0$ 时上式也成立. 于是我们最终由上述公式推出

$$q_n(\sqrt{3}) = \frac{(1+\sqrt{3})^{n+1} - (1-\sqrt{3})^{n+1}}{2\sqrt{3} \cdot 2^{[(n+1)/2]}}. \quad (4)$$

(ii)　由式 (4) 算出

$$
\begin{aligned}
& q_{2^n-1}(\sqrt{3}) \\
&= \frac{(1+\sqrt{3})^{2^n} - (1-\sqrt{3})^{2^n}}{2\sqrt{3} \cdot 2^{2^{n-1}}} \\
&= \frac{\left(2(2+\sqrt{3})\right)^{2^{n-1}} - \left(2(2-\sqrt{3})\right)^{2^{n-1}}}{2\sqrt{3} \cdot 2^{2^{n-1}}} \\
&= \frac{(2+\sqrt{3})^{2^{n-1}} - (2-\sqrt{3})^{2^{n-1}}}{2\sqrt{3}} \\
&= \frac{(2+\sqrt{3})^{2^n} - 1}{2\sqrt{3}\,(2+\sqrt{3})^{2^{n-1}}}.
\end{aligned}
$$

293

由此可推出

$$q_{2^{n+1}-1} = \frac{(2+\sqrt{3})^{2^n} - (2-\sqrt{3})^{2^n}}{2\sqrt{3}}$$
$$= q_{2^n-1}\big((2+\sqrt{3})^{2^{n-1}} + (2-\sqrt{3})^{2^{n-1}}\big),$$

从而 $q_{2^n-1} \mid q_{2^{n+1}-1}\ (n \geq 1)$.

(iii)　对于 $n \geq 0$, 当 $z = 2-\sqrt{3}$, 可算出

$$\frac{z^{2^n}}{1-z^{2^{n+1}}}$$
$$= \frac{(2-\sqrt{3})^{2^n}}{1-(2-\sqrt{3})^{2^{n+1}}}$$
$$= \frac{(2-\sqrt{3})^{2^n} \cdot (2+\sqrt{3})^{2^n}}{(2+\sqrt{3})^{2^n} - (2-\sqrt{3})^{2^{n+1}} \cdot (2+\sqrt{3})^{2^n}}$$
$$= \frac{1}{(2+\sqrt{3})^{2^n} - (2-\sqrt{3})^{2^n}}$$
$$= \frac{1}{2\sqrt{3}} \cdot \frac{1}{q_{2^{n+1}-1}}.$$

因为当 $|z| < 1$ 时,

$$\sum_{n=0}^{\infty} \frac{z^{2^n}}{1-z^{2^{n+1}}} = \frac{z}{1-z},$$

所以

$$\xi = \xi(\sqrt{3}) = \sum_{n=1}^{\infty} \frac{1}{q_{2^n-1}}$$
$$= 2\sqrt{3} \cdot \sum_{n=0}^{\infty} \frac{z^{2^n}}{1-z^{2^{n+1}}} \Big|_{z=2-\sqrt{3}}$$
$$= 2\sqrt{3} \cdot \frac{z}{1-z} \Big|_{z=2-\sqrt{3}}$$
$$= 2\sqrt{3} \cdot \frac{\sqrt{3}-1}{2} = 3 - \sqrt{3},$$

294

即 ξ 确实是代数无理数.

11. 解 用反证法, 设 $\lim\limits_{n\to\infty} y_n/x_n = l$ 是有理数, 并记 $l - p/q \, (p, q \in \mathbb{N})$. 我们来导出矛盾.

由题设条件可知: 当 $n \geqslant n_0$ 时, $x_n(x_{n+1} - x_n) > 0$, $y_{n+1}x_n - y_nx_n - y_nx_{n+1} + y_nx_n = y_{n+1}x_n - y_nx_{n+1} > 0$, 因而

$$\frac{x_n(y_{n+1} - y_n) - y_n(x_{n+1} - x_n)}{x_n(x_{n+1} - x_n)} > 0,$$

于是

$$\frac{y_{n+1} - y_n}{x_{n+1} - x_n} > \frac{y_n}{x_n} \geqslant \frac{y_{n_0}}{x_{n_0}} \quad (n \geqslant n_0).$$

因此数列 $(y_{n+1} - y_n)/(x_{n+1} - x_n) \, (n \geqslant n_0)$ 单调递减且下有界, 从而收敛于某个极限 l', 并且由

$$\lim_{n\to\infty} \frac{y_n}{x_n} = l$$

可知 $l' \geqslant l = p/q$. 于是, 当 n 充分大时

$$\frac{y_{n+1} - y_n}{x_{n+1} - x_n} \geqslant \frac{p}{q},$$

从而 $px_n - qy_n \geqslant px_{n+1} - qy_{n+1}$. 又因为 p/q 是单调递增数列 $y_n/x_n \, (n \geqslant n_0)$ 的极限, 所以

$$\frac{y_n}{x_n} \leqslant \frac{p}{q}, \quad px_n - qy_n \geqslant 0 \quad (n \geqslant n_0),$$

因此 $px_n - qy_n \, (n \geqslant n_0)$ 形成单调非增正整数列, 因而, 当 $n \geqslant n_1 (\geqslant n_0)$ 时 $px_n - qy_n = px_{n+1} -$

qy_{n+1}, 亦即 $(y_{n+1} - y_n)/(x_{n+1} - x_n) = p/q$, 从而,
当 $n \geqslant n_1 (\geqslant n_0)$ 时

$$\frac{y_{n+2} - y_{n+1}}{x_{n+2} - x_{n+1}} = \frac{y_{n+1} - y_n}{x_{n+1} - x_n},$$

这与假设条件矛盾.

12. 解 设

$$\xi = \sum_{k=0}^{\infty} \frac{(-1)^k}{(2^k \cdot k!)^2} = \frac{a}{b},$$

其中 a, b 是互素整数,$b > 0$. 取整数 $m \geqslant b$, 记

$$r_m = \xi - \sum_{k=0}^{m} \frac{(-1)^k}{(2^k \cdot k!)^2} = \sum_{k=m+1}^{\infty} \frac{(-1)^k}{(2^k \cdot k!)^2},$$

那么由

$$\frac{(-1)^k}{(2^k \cdot k!)^2} + \frac{(-1)^{k+1}}{(2^{k+1} \cdot (k+1)!)^2}$$

$$= (-1)^k \left(\frac{1}{(2^k \cdot k!)^2} - \frac{1}{(2^{k+1} \cdot (k+1)!)^2} \right) \neq 0$$

并且, 当 $k = m+1, m+3, m+5, \cdots$ 时上式同号,
可知 $r_m \neq 0$. 因此

$$A_m = (2^m \cdot m!)^2 \cdot r_m$$

$$= (2^m \cdot m!)^2 \cdot \xi - (2^m \cdot m!)^2 \cdot \sum_{k=0}^{m} \frac{(-1)^k}{(2^k \cdot k!)^2}$$

$$= (2^m \cdot m!)^2 \cdot \frac{a}{b} - (2^m \cdot m!)^2 \cdot \sum_{k=0}^{m} \frac{(-1)^k}{(2^k \cdot k!)^2} \in \mathbb{Z} \setminus \{0\},$$

并且

$$0 < |A_m| \leqslant (2^m \cdot m!)^2 \sum_{k=m+1}^{\infty} \frac{1}{(2^k \cdot k!)^2}$$

$$< \sum_{k=1}^{\infty} \frac{1}{2^{2k}} = \frac{1}{3}.$$

我们得到矛盾.

13. 解 (1) 因为 $\sqrt{2}$ 是无理数, 所以 $\sqrt{2} \neq p/q$(其中 p, q 是正整数), 于是

$$\frac{p^2}{q^2} - 2 = \frac{p^2 - 2q^2}{q^2} \neq 0,$$

从而 $|p^2 - 2q^2|$ 是非零整数, $|p^2 - 2q^2| \geqslant 1$, 由此推出题中第一个不等式. 由 $\sqrt[3]{2}$ 的无理性可类似地推出题中另一个不等式.

(2) 令

$$S = \{r + s\sqrt{2} + t\sqrt{3} \mid r, s, t \in \{0, 1, 2, \cdots, 10^6 - 1\}\},$$

则 $|S| = (10^6)^3 = 10^{18}$. 还令

$$d = (1 + \sqrt{2} + \sqrt{3})10^6 (< 10^7),$$

那么 $x \in S \Rightarrow 0 \leqslant x < d$. 将区间 $[0, d)$ 等分为 $10^{18} - 1$ 个小区间, 则每个小区间长为 $s = d/(10^{18} - 1) < 10^7/10^{18} = 10^{-11}$. 由抽屉原理, 集合 S 中必有两个数同属于一个小区间, 此两数之差 $a + x\sqrt{2} + y\sqrt{3}$ 满足不等式组

$$|a + x\sqrt{2} + y\sqrt{3}| < 10^{-11}, \quad 0 < \max\{|a|, |x|, |y|\} < 10^6.$$

若 $x = y = 0$, 则整数 a 满足不等式 $|a| < 10^{-11}$, 所以 $a = 0$, 这与上面第二个不等式矛盾. 所以 x, y 不全为零, 于是 $0 < \max\{|x|, |y|\} < 10^6$; 又由

$$|a + x\sqrt{2} + y\sqrt{3}| < 10^{-11}$$

推出 $\|x\sqrt{2} + y\sqrt{3}\| < 10^{-11}$.

14. 解 (i) 不妨设 $\alpha > 0$. 不然存在正整数 l 使得 $\alpha + l > 0$, 若有整数 m 和 n 使得 $0 < m(\alpha + l) - n < 1$, 则有 $0 < m\alpha - (n - ml) < 1$.

(ii) 记 $\Delta = b - a > 0$. 对于任意给定的正整数 m_1, 存在整数 n_1 使得

$$0 \leqslant m_1\alpha - n_1 \leqslant 1$$

(这等价于取整数 n_1 满足 $m_1\alpha - 1 \leqslant n_1 \leqslant m_1\alpha$). 于是可取 $k + 1 (\geqslant 2)$ 个整数对

$$(m_j, n_j) \quad (j = 1, \cdots, k + 1)$$

满足

$$m_1 < m_2 < \cdots < m_k, \quad 0 \leqslant m_j\alpha - n_j \leqslant 1$$
$$(j = 1, \cdots, k + 1).$$

将 $[0, 1]$ 等分为 k 个小区间. 那么由抽屉原理, 存在两个数 $m_\sigma\alpha - n_\sigma$ 和 $m_\tau\alpha - n_\tau$ 位于同一个小区间中. 设 $m_\sigma\alpha - n_\sigma > m_\tau\alpha - n_\tau$, 记

$$t = (m_\sigma\alpha - n_\sigma) - (m_\tau\alpha - n_\tau)$$
$$= (m_\sigma - m_\tau)\alpha - (n_\sigma - n_\tau)$$
$$= M\alpha - N,$$

因为 α 是无理数, 所以 $0 < t < 1/k$. 取 $k > \Delta^{-1}$, 则有 $0 < t < \Delta$.

(iii) 用点列 $\mu t (t = 0, 1, 2, \cdots)$ 将 $[0, \infty)$ 划分为长度为 t 的区间, 因为每个区间的长度 $t < \Delta$, 所以区间 $[a, b]$ 中至少包含一个 μt 形式的点. 如果 $a = \mu t$, 那么点 $(\mu + 1)t$ 位于 $[a, b]$ 的内部; 如果 $b = \mu t$, 那么点 $(\mu - 1)t$ 位于 $[a, b]$ 的内部. 总之, 存在整数 μ_0 使得点 $\mu_0 t$ 位于 $[a, b]$ 内部, 即 $a < \mu_0 t < b$, 也就是

$$a < \mu_0 M\alpha - \mu_0 N < b,$$

于是 $m = \mu_0 M, n = \mu_0 N$ 合符要求.

15. 解 分别用 ω_1 和 ω_2 表示点列 $x_n \, (n \geqslant 1)$ 和 $y_n \, (n \geqslant 1)$, 用 ω 表示点列

$$x_1, y_1, x_2, y_2, \cdots, x_{n-1}, y_{n-1}, x_n, y_n, \cdots.$$

那么对于任意整数 $m \geqslant 1$, 有

$$A([0, \beta); 2m; \omega)$$
$$= A([0, \beta); m; \omega_1) + A([0, \beta); m; \omega_2),$$

以及

$$A([0, \beta); 2m + 1; \omega)$$
$$= A([0, \beta); m + 1; \omega_1) + A([0, \beta); m; \omega_2),$$

于是

$$\frac{A([0, \beta); 2m; \omega)}{2m}$$
$$= \frac{1}{2} \cdot \frac{A([0, \beta); m; \omega_1)}{m} + \frac{1}{2} \cdot \frac{A([0, \beta); m; \omega_2)}{m},$$

以及

$$
\begin{aligned}
&\frac{A([0,\beta);2m+1;\omega)}{2m+1} \\
=\ &\frac{m+1}{2m+1}\cdot\frac{A([0,\beta);m+1;\omega_1)}{m+1}+ \\
&\frac{m}{2m+1}\cdot\frac{A([0,\beta);m;\omega_2)}{m}.
\end{aligned}
$$

然后应用注 15.1.

16. **提示** 应用定理 15.6.

18. **解** 设 $\alpha_1,\cdots,\alpha_s$ 都是代数数, 在 $\mathbb{A}$ 上线性无关, 那么它们全不为零 (不然, 例如若 $\alpha_1 = 0$, 则 $1\cdot\alpha_1+0\cdot\alpha_2+\cdots+0\cdot\alpha_s=0$, 与题设矛盾). 因为 $s\geqslant 2$, 所以

$$
1\cdot\alpha_1+\left(-\frac{\alpha_1}{\alpha_2}\right)\cdot\alpha_2+0\cdot\alpha_3+\cdots+0\cdot\alpha_s=0.
$$

因为 $-\alpha_1/\alpha_2$ 是两个代数数之商, 所以也是代数数. 上式表明 $\alpha_1,\cdots,\alpha_s$ 在 $\mathbb{A}$ 上线性相关, 与题设矛盾.

19. **解** 若不全为零的有理数 $r_0,\cdots,r_{d-1}$ 使得

$$
r_0\cdot 1+r_1\cdot\beta+\cdots+r_{d-1}\cdot\beta^{d-1}=0,
$$

则 $r_1,\cdots,r_{d-1}$ 不全为零 (不然将有 $r_0=0$, 从而所有 r_j 都为零). 设 $r_1,\cdots,r_{d-1}$ 中非零数的最大下标是 t, 那么 $1\leqslant t\leqslant d-1$. 于是 β 满足整系数非零多项式

$$
r_t x^t+\cdots+r_0=0.
$$

300

因为 $t < d$, 而 β 的极小多项式是 d 次的, 所以得到矛盾. 于是 $1, \beta, \cdots, \beta^{d-1}$ 在 $\mathbb{Q}$ 上线性无关.

记 β 的极小多项式为

$$P(x) = a_d x^d + a_{d-1} x^{d-1} + \cdots + a_0,$$

其中 $a_d \neq 0$, 由 $P(\beta) = 0$ 可知

$$a_d \cdot \beta^d + a_{d-1} \cdot \beta^{d-1} + \cdots + a_0 \cdot 1 = 0,$$

其中 $a_d, \cdots, a_0$ 不全为零, 因此 $1, \beta, \beta^2, \cdots, \beta^d$ 在 $\mathbb{Q}$ 上线性相关.

20. **解** 若 $\pi/\sqrt{2}$ 是代数数, 则两个代数数之积

$$\sqrt{2} \cdot (\pi/\sqrt{2}) = \pi$$

也是代数数.

或者: 若 $\pi/\sqrt{2}$ 是代数数, 则满足整系数非零多项式 $P(x) = a_d x^d + a_{d-1} x^{d-1} + \cdots + a_0$, 由 $P(\pi/\sqrt{2}) = 0$ 推出 π 满足代数系数非零多项式

$$P_1(x) = a_d (\sqrt{2})^d x^d + a_{d-1} (\sqrt{2})^{d-1} x^{d-1} + \cdots + a_0,$$

因而 π 是代数数, 此不可能.

21. **提示** 如果只有有限多个 $\varepsilon_n = 1$(其余全为 0), 那么 ξ 是有限 (二进) 小数, 所以是有理数. 不然, 存在无穷多个整数 $n_1 < n_2 < \cdots$, 使得

$$\xi = \sum_{k=1}^{\infty} 2^{-n_k!}.$$

301

然后应用 Liouville 逼近定理.

22. 提示 因为

$$\pi + \log \alpha = -\mathrm{i}\log(-1) + \log \alpha,$$

由定理 20.3 推论 1 可知 $\pi + \log \alpha$ 是超越数. 类似地, 由定理 20.3 推论 2 可知 $\mathrm{e}^{\alpha\pi+\beta} = \mathrm{e}^{\beta}(-1)^{-\mathrm{i}\alpha}$ 是超越数.

23. 提示 算出

$$I = \frac{1}{3}\left(\log 2 + \frac{\pi}{\sqrt{3}}\right) = \frac{1}{3}\left(\log 2 + \frac{-\mathrm{i}}{\sqrt{3}}\log(-1)\right).$$

应用定理 20.3 推论 1 即得.

24. 提示 用反证法. 设存在整系数非零多项式 $P(z)$ 使得 $P(\xi) = 0$. 设 P 的次数是 d. 对于 $n \geqslant 1$ 令

$$\xi_n = \sum_{k=0}^{n} 2^{-k!}, \quad \tau_n = \xi - \xi_n = \sum_{k=n+1}^{\infty} 2^{-k!}.$$

因为 $P(z)$ 至多有 d 个实根, 所以当 n 充分大时 $P(\xi_n) \neq 0$. 于是

$$0 < |P(\xi_n)| = \left|\frac{c_1}{2^{dn!}}\right| \geqslant 2^{-dn!} \tag{5}$$

(其中常数 c_1 及下文的 c_2 与 n 无关, 但与 P 有关). 另外, 因为 $P(\xi) = 0$. 我们有

$$|P(\xi_n)| = |P(\xi_n) - P(\xi)| \leqslant c_2|\xi_n - \xi| = c_2|\tau_n|.$$

因为 $|\tau_n| \leqslant c_3 2^{-(n+1)!}$ (常数 c_3 与 n 无关), 所以

$$|P(\xi_n)| \leqslant c_2 c_3 2^{-(n+1)!}. \tag{6}$$

由式 (5) 和 (6) 得到 $2^{-dn!} \leqslant c_2 c_3 2^{-(n+1)!}$, 当 n 充分大时, 我们得到矛盾.

25. 解 设 $\varphi_1(\eta), \cdots, \varphi_t(\eta)$ 代数相关, 那么存在非零整系数多项式 $R(y_1, \cdots, y_t)$ 使得

$$R\Big(\varphi_1\Big(\frac{p_n}{q_n}\Big), \cdots, \varphi_t\Big(\frac{p_n}{q_n}\Big)\Big) = 0.$$

因为 η 不是 $\varphi_i(z)$ 的极点, 并且由

$$\Big|\eta - \frac{p_n}{q_n}\Big| \leqslant q_n^{-1} \mathrm{e}^{-\psi(q_n)},$$

可知 $p_n/q_n \to \eta \ (n \to \infty)$, 所以当 n 充分大时, p_n/q_n 也不是 $\varphi_i(z)$ 的极点, 因此对于每个 $i = 1, \cdots, t$,

$$\Big|\varphi_i\Big(\frac{p_n}{q_n}\Big) - \varphi_i(\eta)\Big| \leqslant c_1 \Big|\eta - \frac{p_n}{q_n}\Big|$$
$$\leqslant c_1 q_n^{-1} \mathrm{e}^{-\psi(q_n)},$$

其中 $c_1 > 0$(以及下面的 $c_2, c_3 > 0$) 是与 n 无关的常数. 进而可推出

$$\Big|R\Big(\varphi_1\Big(\frac{p_n}{q_n}\Big), \cdots, \varphi_t\Big(\frac{p_n}{q_n}\Big)\Big)\Big|$$
$$= |R\Big(\varphi_1\Big(\frac{p_n}{q_n}\Big), \cdots, \varphi_t\Big(\frac{p_n}{q_n}\Big)\Big) -$$
$$R\Big(\varphi_1(\eta), \cdots, \varphi_t(\eta)\Big)|$$
$$\leqslant c_2 \max_{1 \leqslant i \leqslant t} \Big|\frac{p_n}{q_n} - \eta\Big|$$
$$\leqslant c_3 q_n^{-1} \mathrm{e}^{-\psi(q_n)}.$$

当 $q_n > c_3$ 时与题设矛盾.

参考文献

[1] 菲赫金哥尔茨 Г M. 微积分学教程: 第一卷.8 版. 北京: 高等教育出版社,2006.

[2] 霍金. 上帝创造数. 长沙: 湖南科学技术出版社,2018.

[3] 辛钦 А Я. 连分数. 上海: 上海科学技术出版社,1965.

[4] APÉRY R. Irrationalité de $\zeta(2)$ et $\zeta(3)$. Astérisque,1979,61：11-13.

[5] BAKER A. Transcendental number theory, 2nd.ed.,Cambridge: Camb. Univ. Press, 1990.

[6] BEUKERS F. A note on the irrationality of $\zeta(2)$ and $\zeta(3)$. Bull.London Math. Soc.,1979,11:268-272.

[7] BOREL E. Leçons sur la théorie des fonctions.Paris: Gauthier-Villars,1898.

[8] BORWEIN J M, BORWEIN P B. Pi and the AGM. New York:John Wiley & Sons,1986.

[9] CHAMPERNOWNE D G. The construction of decimals normal in the scale of ten. J.London Math.Soc.,1933,8:254-260.

[10] DUVERNEY D. Number Theory. Singapore:World Scientific , 2010.

[11] FEL'DMAN N I,NESTERENKO YU V. Transcendental numbers.New York:Springer, 1998.

[12] HARDY G H, WRIGHT E M. An introduction to the theory of numbers. Oxford:Oxford Univ.Press,1981.

[13] KUIPERS L, NIEDERREITER H. Uniform distribution of sequences.New York: John Wiley & Sons, 1974.

[14] NESTERENKO YU V. On the linear independence of numbers, Vestn. Mosk. Univ.(Ser.I), 1985,40:46-49.

[15] NESTERENKO YU V. Modular functions and transcendence problems. Mat. Sb., 1996,187: 65-96.

[16] RIBENBOIM P. My numbers,my friends. New York:Springer,2000.

[17] SCHMIDT W M. Diophantine approximation, LNM,785.New York: Springer,1980.

[18] SHIDLOVSKII A B. Transcendental numbers. Berlin:Walter de Gruyter, 1989.

[19] SIEGEL C L. Transcendental numbers. Princeton: Princeton Univ. Press, 1949.

[20] WALDSCHMIDT M. Nombres transcendants, LNM, 402. New York:Springer, 1974.

[21] WALDSCHMIDT M. Diophantine approximation on linear algebraic groups.New York: Springer, 2000.

[22] ZHU Y C. The irrationality of certain series, Manuscript(to appear), 2018.

[23] ZUDILIN V V. One of the numbers $\zeta(5)$, $\zeta(7), \zeta(9), \zeta(11)$is irrational,Uspekhi Mat.Nauk,2001, 56: 149-150.

[24] ZUDILIN W. Arithmetic of linear forms involving odd zeta values,J.Théor.Nomb.Bordeaux, 2004,16:251-291 .

索　引

(不包括第 1 章和练习题)

308

其　他

312